A Review of Global Cyberspace Security
Strategy and Policy (2023-2024)

全球网络空间安全战略与政策研究

（2023—2024）

张丽　崔海默　王禄恒　杜宛真／编著

人 民 邮 电 出 版 社
北 京

图书在版编目（CIP）数据

全球网络空间安全战略与政策研究. 2023—2024 / 张丽等编著. -- 北京 : 人民邮电出版社, 2025.

ISBN 978-7-115-65649-0

Ⅰ. TN915.08

中国国家版本馆 CIP 数据核字第 20249YV971 号

内 容 提 要

本书从空间维度分析了全球网络安全和信息化的总体形势，梳理了美国、欧盟、俄罗斯、日本、韩国、印度等国家和组织的网络安全与信息化战略及政策的发展变化情况，展现出全球网络空间的总体格局与地域特色。本书分析了 2023 年全球网络空间安全形势与治理的月度特点和重点，描摹了全球网络空间形势的动态变化与相关政策的调整方向，并针对部分国家的一些重要战略政策文件、法律法规等进行深度研判，对生成式人工智能、数据跨境流动、卫星互联网、高性能计算、量子技术等热点议题进行了深度研判与分析；在此基础上，提出了加强我国网络安全能力、完善网络安全政策的相关建议，全景式展现和反映了 2023 年全球网络空间安全政策变化形势。

本书主要面向党政机关、事业单位、高校、科研机构、企业等相关从业人员，以及对网络空间安全感兴趣的读者，可以帮助读者了解 2023 年全球网络空间安全的方方面面。

◆ 编　　著　张　丽　崔海默　王禄恒　杜宛真
　责任编辑　唐名威
　责任印制　马振武

◆ 人民邮电出版社出版发行　　北京市丰台区成寿寺路 11 号
　邮编　100164　　电子邮件　315@ptpress.com.cn
　网址　https://www.ptpress.com.cn
　固安县铭成印刷有限公司印刷

◆ 开本：700×1000　1/16
　印张：13.5　　　　　　2025 年 1 月第 1 版
　字数：221 千字　　　　2025 年 1 月河北第 1 次印刷

定价：129.80 元

读者服务热线：(010)53913866　印装质量热线：(010)81055316

反盗版热线：(010)81055315

编 委 会

前言

互联网对人类社会的改写，在历史的长河中只是一个瞬间，带给世界的却是斗转星移、沧海桑田的巨大变革。作为世界上最大的发展中国家，中国的创新发展与网信事业发展紧密相连。30年前，中国开通64kbit/s国际专线，正式全功能接入国际互联网。20年前，国家顶级域名.CN服务器的IPv6地址成功登录全球域名根服务器，中国国家域名系统进入下一代互联网，人们切身感受到，在“世界是平的”这一全新认知的背后，是全球化浪潮与互联网并行相生的力量。10年前，中国全面进入移动互联网时代，世界互联网大会·乌镇峰会成功召开，中国从互联网的使用者成为互联网的贡献者，“互联互通 共享共治”深入人心，携手构建网络空间命运共同体迎来广阔前景。站在迈向数字文明新时代的今天，随着对网络空间认识和塑造能力的不断增强，人类再次面临历史的考验，平衡安全与发展成为各国共同面对的时代课题。

这是一个瞬息万变的时代，也是一个百舸争流的时代。2023年，以ChatGPT为代表的生成式人工智能横空出世，中国发布全球首部相关领域立法《生成式人工智能服务管理暂行办法》，“芯片之王”英伟达市值突破万亿美元；卫星互联网搭建起通往太空的高速通信网络“彩虹桥”，SpaceX“星舰”两度试飞未竟，中国放开卫星互联网设备进网许可管理；全球已有29个国家和地区发布量子信息领域战略规划或法案，产业投资总额超过280亿美元；苹果AR眼镜Vision Pro叩开“空间计算时代”大门，特斯拉开发的人形机器人“擎天柱（Optimus）”年内迭代，新兴技术产业化浪潮已至。

这是一个星奔川骛的时代，也是一个纷繁复杂的时代。欧洲网络与信息安全局（ENISA）2023年10月发布的关于网络安全威胁形势的第11份年度报告显示，全球网络攻击种类、数量显著增加，后果更加严重，黑客行动主义不断扩大且未出现放缓迹象。美国网络安全公司Crowdstrike Holdings数据显示，2023年针对大型企业、银行、医院或政府机构的勒索攻击次数大幅增加，全年黑客攻击数量增长超过50%。中国网络空间安全协会组织国家互联网应急中心、南开大学、360等会员单位发布的《2023年网络安全态势研判分析年度综合报告》显示，中国遭受的IPv6攻击次数增长20.34%，全年全网网络层遭受DDoS攻击（分布式拒绝服务攻击）次数达2.51亿次，APT（Advanced Persistent Threat）攻击活动尤其多，物联网安全态势尤其严峻。

作为《全球网络空间安全战略与政策研究》系列著作的研究团队，我们坚持潜心观察、认真思索，希望在充满不确定性的网络空间中，通过全面的分析和理性的观察，得出可供参考的、确定性的研究视角：自2023年以来，全球网络空间出现高强度、常态化实战对抗，多个国家网络安全战略转向主动防御；网信领域新兴技术加速向应用端转化，带来网络秩序的重塑与互联网边界的极大扩展；数据安全特别是个人信息等隐私数据保护进一步引发社会关注，消除威胁、降低风险日益成为各方共识；大型网络平台影响力与日俱增，已经成为国际关系的重要主体，给全球互联网治理带来深度冲击。

本书总体延续了面向系统性研究的统观式布局，即在通过国别情况综述、月度动态综述呈现年内全球网络安全和信息化重要实践和脉络的基础上，兼以对主要国家和地区相关战略、立法进行评述，在展示和提供较为翔实域外资料的同时，补充可供启迪的见解。在热点专题部分，以生成式人工智能、跨境数据流动、个人数据保护、卫星互联网、高性能计算以及量子技术六个兼具学术价值和产业价值的领域为主要对象，探讨了热门课题的近况与前景，同时探索性地加入了“全球社交媒体平台观察”专题，对Meta旗下新兴社交平台Threads、法国大规模骚乱事件背后的网络社交平台作用进行了案例研究。在今后的年度梳理中，我们将继续推出类似的专题版块，以此提供一个由点到面的观察窗口。

技术的未来是科幻，科幻的内核是人性。网信领域作为人类科技创新的前沿，正不断推动各种科幻场景成为现实。身处庞杂的信息流与海量的数据当中，面对日渐“神化”的网信技术及其应用，要回答人类的未来走向何处，需要我们通过一些总结和归纳，不时回望与反思。希望本书可以为广大读者带来可参考亦可思考的年度回顾，也为国内相关行业人员查询所需助力。受团队自身水平所限，书中翻译、分析或有粗浅遗漏之处，敬请各界专家、同人多多包涵更不吝指教，是为至盼。

编著者

2024年6月

目 录

第 1 章

全球网络安全和信息化发展总体态势

1.1 2023年美国网络安全和信息化情况综述

2023年，美国政府在网络安全和信息化发展方面开启新范式：对内更加注重平衡国家、联邦机构、州政府层面的政策指导，在数据隐私、人工智能等领域持续加大投资和创新力度，联动社会力量开展大范围人才培训与能力建设；对外全方位拓宽网信领域合作，致力构建“多极技术联盟”，意图实现掌握全球高技术领导权、技术标准制定权的战略目标。

一、主要政策措施

（一）多措并举，构建网络安全战略体系

一是强调在国家、联邦机构、州政府层面加强政策指导。2023年3月，美国发布新版《国家网络安全战略》，提出五大支柱共27项举措，旨在建立一个更具内在防御能力和弹性的未来数字生态系统；5月，国防部发布《2023年国防部网络战略》公开版摘要，首次承诺致力于建设全球盟友及合作伙伴的网络能力，增强抵御网络攻击的集体复原力；7月，美国发布《国家网络安全战略实施计划》，重点对如何落实美国《国家网络安全战略》相关目标进行了阐释。美国密集发布网络安全战略文件，强调在国家、联邦机构、州政府层面加强政策指导，以提升网络弹性、改善网络安全。在大国竞争背景下，此举将深刻影响全球网络安全形势和大国竞争格局。

二是强化网信总体战略布局，推出系列法案。2023年，美国多个部门持续强化网信总体战略布局，提出多项政策措施。如美国国防部《2023年国防部网络战略》提出保卫美国、慑止战略攻击、慑止武装侵略、打造强韧联合部队与国防生态系统等战略目标；《2023年信息环境作战战略》提出必须“建立一个快速部署包括后备部队在内的信息部队”，培养一支由军事和文职专家组

成的相关队伍;《2023—2027 年网络人才战略实施计划》则为美国培养能够执行国防部复杂多样的网络任务的网络劳动力奠定了基础。美国国家网络总监办公室（ONCD）发布《国家网络人才和教育战略》，提出动用数十亿美元的联邦资金，改变政府、企业、学校和其他组织的人才发展方式，弥合数十万网络安全人才缺口。美国网络安全和基础设施安全局（CISA）发布《2024—2026 财年网络安全战略计划》，在 2023 年 3 月白宫发布的《国家网络安全战略》框架下，继承了《2023—2025 财年CISA战略计划》对CISA加强网络安全能力的措施要求，为落实未来 3 年CISA在网络安全方面的工作提供了操作性较强的实施指导。

三是加强网络实战演练，塑造“易守难攻”的网络空间。美国非常重视网络作战能力，致力于将网络作战能力整合到联合作战能力中，推动网络空间领域演练更加“短、快、频”，更加跨域化、联合化、专业化。2023 年，除了“网络旗帜”“网络盾牌”“天体卫士”“技术成熟度试验技术实验”等常见的网络安全演练，美国国防部发起的“黑掉五角大楼 3.0”漏洞赏金计划也引发广泛关注，该演练以发现维持五角大楼和相关场地运行操作技术中的漏洞为重点。美国CISA局长珍·伊斯特利等官员认为，美国网络防御体系具备充分展现“网络韧性的力量”，防御效果“令人印象深刻”，美国在及时察觉重大网络安全事件方面“走上了正确的道路”，做得越来越好。2023 年，美国国内网络安全态势相对平稳，针对各行业的勒索软件攻击虽然司空见惯，但未再出现影响经济社会运转的重大网络安全事件。美国两院及其下属委员会通过了一系列涉及网络安全的法案，不断完善网络安全保障能力。相关法案包括《网络安全漏洞披露法案》《小企业网络弹性法案》《2023 年联邦网络安全漏洞削减法案》《限制信息和通信技术风险安全威胁出现的法案》等。

（二）数据隐私法底层框架发生根本性转变

一直以来，美国的数据隐私法根植于“以危害预防为基础”的框架中，以预防和减轻特定领域的隐私安全危害。2023 年，美国数据隐私法进入新时代，各州开始参照欧盟《通用数据保护条例》（GDPR）“以权利为基础”的准则制定和实施数据隐私法，规定类似GDPR的个人权利，要求对“高风险”数据进行安全性评估。如《加州隐私权法案》（CPRA）、《科罗拉多州隐私法案》（CPA）、《康涅狄格州数据隐私法案》（CDPA）、《犹他州消费者隐私法案》（UCPA）、《弗吉尼亚州消费者数据保护法案》（VCDPA）等在 2023 年生效。

另外，艾奥瓦州、印第安纳州等8个州颁布了全面的消费者隐私法。美国数据隐私保护底层框架的根本性转变将在未来产生深远影响。

同时，跨大西洋数据流监管取得重大发展。通过近3年的长久谈判和强力的政治行政手段，2023年7月10日，欧盟委员会通过了《欧盟–美国数据隐私框架》（DPF）的充分性决定，恢复了欧美跨境数据流动的规制体系。根据新的充分性决定，个人数据可以安全地从欧盟流向获得DPF认证的美国公司，而无须实施额外的数据保护保障措施或进一步授权。DPF对于维护欧美之间的经贸关系、推动跨大西洋商业往来具有深远影响，确保欧盟和美国之间个人数据合法有效传输，进一步促进了欧盟与美国的合作。

（三）坚持创新优先的人工智能治理模式

2023年，美国坚持人工智能治理模式以创新优先，推出《人工智能研究与发展国家战略计划》《关键和新兴技术国家标准》《国家人工智能研发战略计划》《关键和新兴技术（CET）国家标准战略》等政策，强调维护和促进人工智能、量子技术、先进制造等新技术的研发应用和创新发展，为美国新技术新应用提供了资金及机制保障。特别是2023年10月，美国总统拜登签署颁布的《关于安全、可靠、可信地开发和使用人工智能的行政命令》，被称为美国最完善的人工智能行政规范，明确了人工智能是美国发展的重要方向。该行政命令根据风险等级和影响领域，综合利用“标准+测试”“最佳实践”等治理手段，确立人工智能安全的新标准，促进创新和竞争，确保美国在人工智能技术和产业领域的全球领先地位。此外，美国政府持续加强对关键技术、半导体、供应链的安全审查与出口管制，积极与盟友协调，实现多边化的全球技术管制。

（四）建立多边合作与利益联盟新格局

一是全方位拓宽网信领域合作，致力构建“多极技术联盟”。随着大国系统性战略竞争持续深化，美国构建技术联盟的策略正从“小院高墙”向“多极技术联盟”（联合传统盟友，吸纳非传统盟友，拉拢新兴市场国家和地区）调整。如在2023年举办的第三届国际反勒索软件倡议峰会中，美国持续吸纳阿尔巴尼亚、哥伦比亚、埃及、希腊等国，强化信息共享、能力帮扶、集体反制等举措。在此基础上，美国积极推动亚太经济合作组织（APEC）的跨境隐私规则（CBPR），拉拢更多国家签署便利执法数据传输的“云法案”。此外，为落实美欧于2022年达成的“深化网络安全合作并加强网络安全威胁情报交流”

的共识，2023 年，美欧加强在信息共享、态势感知与网络危机响应等方面的联动。同时，美国把美日印澳“四方安全对话”（QUAD）作为布局印太地区的重要抓手，重视在网络安全上的合作。四方机制的网络安全小组至今已进行过 3 次线下会议，在 2023 年 2 月新德里会议后发表《四方高级网络小组联合网络安全生命》。

二是对齐关键和新兴技术标准。2023 年，美国不仅利用“四方安全对话”和“印太经济框架（IPEF）”“七国集团”等机制推进技术标准合作，而且围绕技术标准首次制定自身发展战略，加强新技术发展屏障。特别是 5 月，美国发布《关键和新兴技术国家标准战略》，强调美国在国际标准制定中的领导地位和竞争力，也体现出美国为发展尖端技术，加强与同盟国的技术标准合作的意图。该战略包括 3 个关键目标：投资方面，加强对标准化前研究的投资，促进创新、前沿科学和转化研究，推动美国在国际标准制定方面的领导地位；参与方面，将与更多的企业、学术机构和其他主要利益攸关方（包括外国合作伙伴）合作，弥补差距，加强美国对标准制定活动的参与；完整性和包容性方面，确保标准制定过程在技术上合理、独立，响应共享市场和社会的需求。美国将联合世界各地志同道合的盟国和伙伴，促进国际标准体系更加完整。此外，1 月，美日签署《加强网络安全的谅解备忘录》，规定两国将对政府采购的软件制定同等级别的安全标准。5 月，美日印澳四方机制出台《安全软件联合原则》，文件提到美日印澳四方希望首先从政府层面的协同推动高标准的软件安全开放实践，并鼓励相关企业跟进。

三是协同对华脱钩，共建“韧性”供应链。美国呼吁“供应链韧性”以及重塑供应链体系的重要性，企图通过组建新的基于“民主价值观”的供应链联盟，实现对华协同脱钩。如积极联合盟友伙伴构筑以关键矿产为核心的“供应链联盟”，推动在“印太经济框架”内建立供应链预警机制，并与有关国家开展“关键矿产对话”；组建“强化供应链韧性委员会”，定期审查供应链安全状况，更新有关国家安全和经济安全的关键产业、部门与商品定义及标准。此外，美国不断强化人工智能产品和技术出口管制，限制向中国出售人工智能处理器和设备，恶意阻断全球人工智能供应链，扩大其在人工智能领域的对话优势。2023 年 10 月，美国发布对华半导体出口管制最终规定，在 2022 年 10 月出台的临时规则基础上，进一步加紧对人工智能相关芯片、半导体制造设备的对华出口限制，将多家中国实体增列入出口管制“实体清单”。同时，美国发布禁止对华敏感技术领域投资的行政令，推出《受关注外国实体规则指南》及《芯片和科学法案》补贴执行细则等。

（五）联动社会力量开展人才培训与能力建设

人才培训与能力建设是国家网络和信息化安全的底层构筑与可持续发展动力，高精尖科技人才特别是STEM（科学、技术、工程和数学）人才的“争夺”成为竞争博弈的焦点，也成为决定国家竞争力、经济科技发展水平和国家安全的关键变量。2023年，美国国防部先后发布《网络空间劳动力资格和管理计划手册》《2023年至2027年网络劳动力战略》等文件和配套实施计划，建立中央网络劳动力计划办公室，以识别、招募、发展和留住高技能网络人才。美国国家网络总监办公室发布《国家网络人才和教育战略》，开启为期数年的系统性培养网络安全技能和能力计划。此外，特斯拉首席执行官埃隆·马斯克宣布捐赠1亿美元，计划在美国得克萨斯州奥斯汀建立一所注重STEM教育的中小学，培养STEM人才；美国科学促进会（AAAS）成立第一个跨领域、多学科、重交叉的工作组，专注于STEM领域的人才发展；美国政府开展面向整个科技生态系统的问责制行动，提升STEM生态系统建设成效。

二、布局及发展特点

（一）强调平衡保卫网络空间的责任，网络防御认知由“威慑”转向“韧性”

美国网络安全和信息化领域的发展更加强调在国家、联邦机构、州政府层面政策指导，提升网络弹性、改善网络安全。国家层面包括《国家网络安全战略》《国家网络安全战略实施计划》，联邦机构层面包括《2023年国防部网络战略》，州政府层面包括《纽约州网络安全战略》等。基于对重大网络安全事件的经验总结，美国对网络防御的认知逐渐从威慑思想转向了韧性理念。区别于传统威慑理念认为网络行动是可以被拒止发生的，韧性理念坚持网络冲突无法避免，确保关键数据和服务在攻击中稳定运行才是关键。尤其是美国《国家网络安全战略》全文未提及“威慑”一词，而是将“韧性”作为基础支柱，并明确提出了一系列具体举措，包括保护互联网的技术基础、重振联邦网络安全研发、支持发展数字身份生态系统、建立物联网安全标签等。

（二）强调政府发挥主导作用，实现多方协同共治

一方面，美国采用分散式治理架构，各州拥有独立的立法权和执法权，可

独立制定和实施自己的法律。在数据治理规则上，联邦政府倾向于行业主导的模式，要求私营企业在网络安全保障中承担起责任，履行义务，确保网络空间的安全与稳定；州政府则采取了更综合性的立法方式，如《加州隐私权法案》和《犹他州消费者隐私法案》等。分散式治理架构有利于美国网络安全治理架构的灵活性和高效性。另一方面，治理架构具有多部门协同的特点。美国网信领域的治理涉及多个联邦部门和机构，如美国国家网络总监办公室、国家安全委员会、网络安全和基础设施安全局等，相关部门在各领域内负责审查和监管新技术的风险和应用，形成对网络安全建设任务的集中监督机制。

（三）设置议题并推向多边，全方位拓宽合作领域

除了提升合作层级和完善合作架构，美国与同盟国家不断拓展网络安全合作领域，主导设置议题，在现有双边多边合作的基础上，向“五眼联盟”“四方安全对话”等机制推广。通过不断地查漏补缺，以四方机制为例，网络安全合作既包含了关键电信基础设施、网络硬件供应链等领域，也涉及软件安全标准、技术生态环境、网络能力培训与建设等，全面覆盖网络安全合作各领域。在拜登政府强化盟友合作的理念转变下，美国政府重新在国际治理领域中活跃，特别是在美国国务院负责网络空间和数字政策的无任所大使纳撒尼尔・菲克的全球游说下，美国积极组织国际规则谈判、签署双/多边国际网络合作协定等，强化国际网络协作。

三、总结与启示

美国网络安全政策体系构建始于 20 世纪 90 年代，是最早将关键基础设施安全引入网络信息安全概念范畴的国家。历经多届政府，美国网络安全战略构想充分成型、政策全面成熟，呈现出高度的体系化，其网信领域发展情况及理念深刻影响着全球网络空间安全形势。拜登政府自执政以来，将网络安全列为优先事务，从战略、政策、实践等层面密集推出一系列举措。2023 年，美国在网络安全和信息化领域加快布局，特别是在政企多方协同、技术产业扶持、盟友合作等方面取得短期成效，但受制于基于威慑的网络霸权思维，其网络安全战略与政策目标的实现仍然受到长期制约。在全球多极化发展、国际社会呼吁和平的前提下，携手构建网络空间命运共同体，不断推动网络空间国际规则和治理机制的改革与完善，正成为各国促进网络空间平等互利、合作共赢的重要共识和基础。

1.2　2023 年欧盟网络安全和信息化情况综述

自 2023 年以来，欧盟通过实施一系列旨在保护网络安全和个人隐私数据安全的战略法规，持续推动区域内数字经济发展。欧美数据跨境传输迈入新阶段，人工智能监管持续加强，平台监管进入常态化，各项网络安全立法及推动网络安全认证陆续落地，成员国共同捍卫“数字主权”能力显著增强。

一、主要政策措施

（一）欧美数据跨境自由流动制度框架初步建立

自 2020 年欧盟法院判决《欧美隐私盾牌》协定无效后，欧盟和美国一直在探索建立新的数据跨境流动合作机制。2022 年 12 月，欧盟委员会发布《欧盟–美国数据隐私框架（DPF）充分性保护决定》草案，此后与美国就该草案展开了长达七个月的谈判博弈。2023 年 7 月 10 日，欧盟委员会正式通过《欧盟–美国数据隐私框架充分性保护决定》。根据 DPF，美国企业向商务部申请 DPF 认证后，即可与欧盟国家进行数据跨境传输，无须借助其他工具。至此，欧美数据跨境传输迈入新阶段。在数据流通利用方面，欧盟在立法上取得了里程碑式的进展：《数据治理法案》于 2023 年 9 月 24 日起适用，数据中介、数据利他主义等数据流通宏观图景在欧盟落地；《数据法》于 2023 年 11 月 27 日通过、2024 年 1 月 11 日正式生效，将于 2025 年 9 月 12 日起全面适用。《数据法》为欧盟范围内数据公平自由流动搭建了较为细致、完善的制度框架，其设定的数据访问、共享规则及互操作性要求，将成为相关企业在欧盟境内访问、共享数据的重要合规参考。

（二）人工智能大模型监管持续强化

欧盟针对人工智能大模型的监管，主要呈现出立法加速推进和监管执法活跃两大特征。一方面，欧盟 2023 年持续推进《人工智能法案》的谈判制定，并在法案中增加了针对通用式人工智能模型的监管规则；2024 年 5 月 21 日，欧盟理事会正式批准《人工智能法案》，预计欧盟范围内针对人工智能大模型的监管力度将进一步强化。另一方面，意大利、法国、德国、瑞士等国的数据监管机构先后发起针对 ChatGPT 运营商 OpenAI 的调查，意大利曾于 2023 年 3 月至 4 月暂时禁止 ChatGPT 在其境内提供服务。在监管体系方面，欧盟建立欧洲算法透明度中心（ECAT），荷兰数据保护机构设置专门的算法监管机构，旨在强化算法监管与人工智能风险防控。在国际合作方面，欧盟与英国、中国等 28 个国家联合签署《布莱切利宣言》，旨在合作推进人工智能治理。

（三）数字平台监管进入常态化阶段

随着《数字服务法》（DSA）和《数字市场法》（DMA）相继生效，欧盟针对数字平台的监管进入常态化阶段。针对 DSA，欧盟委员会发布了关于统计平台用户数量的指南和独立审计规则，分别于 2023 年 4 月 25 日、2023 年 12 月 20 日指定两批超大型在线平台和超大型在线搜索引擎；针对 DMA，欧盟委员会发布合规报告模板和用户画像技术报告模板，于 2023 年 9 月 6 日指定首批"守门人"。具体执法方面，欧盟年内共向十余家超大型在线平台和超大型在线搜索引擎发出信息请求，并启动了针对 X 平台（原推特）的正式执法调查程序；德国、意大利、法国等国执法机构先后针对谷歌、苹果启动反垄断调查；爱尔兰数据保护委员会针对 Meta 强迫用户同意将其个人数据用于行为广告和其他个性化服务，对其处以 3.9 亿欧元巨额罚款。2023 年 12 月 19 日，欧盟委员会发布关于 Cookie 的自愿承诺原则草案，特别提出企业应当在行为广告的"付费或同意"模式之外，提供第三种隐私侵扰性较低的选择，Cookie 合规问题成为欧盟重点监管内容。

（四）网络安全立法加快推进

2023 年，欧盟通过《网络安全条例》并推出网络安全认证平台，于 2024 年 1 月 31 日通过《欧盟通用标准网络安全计划（EUCC）实施条例》，欧盟范围内的统一网络安全认证已经落地。2023 年 11 月，欧盟委员会、欧洲议会和欧盟理事会通过"三方对话"会议达成关于《网络弹性法案》（CRA）的政治协议，为从智能玩具到工业机械等各类联网设备引入安全要求。该法案规定，如果制造商知道联网设备存在可能被黑客利用的重大漏洞，不得将此类产品投放市场，在产品公开的支持期限内必须处理相关问题，并向有关部门报告。2023 年 12 月，欧洲议会工业、研究与能源委员会（ITRE）通过《网络团结法案》草案报告，虽然目前该文件在欧盟部长理事会处于搁置状态，但从该立法提案内容看，欧盟计划建立一支"网络安全预备队"，通过加强欧盟成员国网络韧性能力来应对大规模网络事件。该预备队拟由经过认证的可信任供应商组成，负责风险事件预防和应急响应，以及在加强威胁信息共享方面支持公私合作。

（五）保护和促进网信领域新兴技术发展

2023年1月9日，欧盟《2030年数字十年政策方案》提出，为实现2030年数字化目标，欧盟将支持共同行动和大规模投资的多国项目，启动6G、量子计算机和智能公共管理等项目；2月23日，欧盟委员会进一步提出“数字十年”目标，即到2030年，实现欧盟公民和企业获得千兆网络，推动互联互通产业发展，为欧洲数字化转型奠定基础；3月24日，欧盟委员会发布《2023—2024年数字欧洲工作计划》，阐述关键信息技术政策重点，提出将投入1.13亿欧元用于改善云服务安全性、创设人工智能实验及测试设施以及提升数据共享水平。此外，欧盟高度重视新技术在夯实社会数字化基础方面的作用。欧盟委员会在2023年8月公布的立法提案中提出，需要设定立法框架以便授权欧洲央行发行数字欧元；6月29日，欧盟理事会宣布与欧洲议会就欧洲数字身份（eID）新框架的核心要素达成临时政治协议，旨在确保个人和企业通过手机数字钱包获得安全可靠的电子身份识别和验证。

二、布局及发展特点

（一）欧盟网络安全政策的完善过程与数字化转型相伴相随

欧盟普遍采取的网络安全措施包括5个方面：一是致力于建立强大的网络安全防御能力，以应对不断升级演变的网络威胁攻击；二是强调欧盟各国需要共同应对跨国网络威胁，倡导成员国间加强密切合作；三是高度重视全社会网络安全意识提升和技能培训；四是强调保护个人数据和隐私；五是加强网络安全技术的创新与研发，通过开展“地平线欧洲”等创新计划，为网络安全技术创新提供资金支持。这些措施的持续推进，为欧盟范围内网络安全和数字产业健康发展提供了良好保障。

（二）捍卫欧洲国家数字主权，抢占全球数字治理先机

当前，欧洲各国数字经济发展依然存在不平衡现象，跨境壁垒和市场碎片化现象犹存。欧盟推动《数字市场法》《数字服务法》落地生效，以“数字主权”为抓手，将进一步捍卫数字时代的经济主权、技术主权、网络治理主权，降低对全球网络技术供应链的依赖程度。同时，欧盟持续推进网络治理规则、数字规则的制定和输出，与全球数字强国开展竞争，其在数字监管领域争夺主导权的软实力框架也更加清晰。

（三）推进全方位、强特色、重义务三位一体数字化转型

2023 年，欧盟数字化转型政策举措除了捍卫数字主权、关注国际博弈等趋势外，也在内部形成一套全方位、结合本区域特色、关注利益相关方权利和义务的三位一体新结构。欧盟数字化转型道路不仅关乎个体企业，也牵涉产业、劳动力和公共服务全方位转型，注重对欧盟国家数字技能和素养的全面提升；以具有优势的制造业为抓手，重点支持传统制造业的数字化转型；从经济考量优先转向经济效益与社会效益并重，建立统一、明确的数字规则框架，对“守门人”大型在线企业加强监管，也注意到人工智能等领域的潜在风险。

三、总结与启示

作为里程碑式事件，欧美跨境数据流动协议的形成对全球数据治理具有一定的示范效应，也显示出欧盟在网络安全和信息化发展中的主基调，即在追求数据自由流动与数据市场完整性的同时，在数字化转型进程中坚持“欧洲价值观”。总的来看，欧盟重视数字化建设和数字化转型的必要性和紧迫性，在不断完善战略、规则、框架和监管措施的基础上，大力加强对数字化转型的投入，鼓励和吸引个人、公司和组织的投资和参与。同时，欧盟作为全球重要区域性国际组织，重视个人平等享有数字权利以及成员国均衡发展，倡导绿色和可持续发展，兼顾国际合作、联合项目开发和数字主权建设，对其他地区间网络安全和信息化发展具有一定的示范意义。

1.3　2023 年德国网络安全和信息化情况综述

随着全球网络空间博弈态势加剧，德国近年来持续提升自身网络空间行动力和治理影响力。在理念上，德国秉持国际法普遍适用于网络空间的理念，主张多利益攸关方的互联网治理模式，重视公民个人数据保护并大力提倡数字主权。在实践中，德国注重加强自身网络能力建设，引领数字经济规则与标准制定，扩大网络空间伙伴关系，积极参与网络空间国际规则制定。2023 年，德国部署多项举措，聚焦网络安全与信息化发展，进一步参与网络空间国际治理。

一、主要政策措施

（一）首次发布国家安全战略文件，关注网络安全等非传统安全领域能力提升

2023 年 6 月 14 日，德国联邦政府首次发布《德国国家安全战略》，全面系统地分析了德国面临的内外部安全环境，重点聚焦“时代变革”，提出德国国家安全的三大支柱：一是积极防御，承诺达到北约设定的国防开支占GDP 2%的高额军事开支；二是复原力，核心是德国及其盟国保护价值观的能力、减少外部经济依赖、阻止网络攻击、捍卫《联合国宪章》等；三是可持续性，包括气候变化、能源和粮食危机等方面。战略构建了涵盖经贸科技、能源和原材料供应、网络及数据安全、气候变化等领域的“综合安全”概念，围绕网络防御等议题作出“我们从根本上拒绝使用黑客攻击作为网络防御手段”等表述，为后续制定其网络空间安全相关战略打下了初步基础。

（二）发布科技发展战略，聚焦量子技术、人工智能等网信新兴技术

2023 年 2 月，德国联邦政府通过《未来研究与创新战略》，更新了推动创新研究的跨部门任务、重点领域和目标，旨在增强德国技术创新能力。该战略提出 3 个总体目标，即保持并扩大部分领域技术领先优势、加强技术转移以及提高技术开放程度。重点任务包括打造竞争性产业、发展数字技术、确保德国和欧洲的数字技术主权等内容。2023 年 5 月 11 日，德国联邦议院提交一项名为“量子技术行动概念”的政府战略，为使德国在量子技术方面处于世界领先地位设立了政策框架，确立 3 个行动领域：推进量子技术向应用转化、有针对性地推动量子技术发展、创建有竞争力的技术生态系统及框架条件。

（三）发布历史上首份“中国战略”，涉及网络安全领域部署

2023 年 7 月 13 日，德国正式发布《德国联邦政府中国战略》，这是德国历史上首份对华战略，也是欧洲国家首个正式发布的对华战略，对华供应链“去风险”成为其核心内容。这份长达 60 多页的战略文件以减少对华依赖性为重点，阐述了德国政府应当如何看待中国，以及如何通过双边、欧盟和国际合作加以应对。该战略提出，应加强欧盟内部对科研、数字化和绿色创新等政策的改进，采取多元化供应链，维护“技术主权”以及保护通信、能源、交通等关键基础设施，其中涉及将关键基础设施网络安全项目扩展至整个数字化领域并推动欧盟共同工具箱的建立，但尚未提出具体实施方案。

（四）在司法层面采取有力措施，确保数字发展进程合法、安全和有序运行

2023 年 5 月，为了使国内法律符合欧盟委员会《数字服务法》（DSA），德国提议成立一个咨询委员会，以监督欧盟法规的实施和执行。目前，欧盟成员国正在推动将DSA纳入各国立法，分配国家监管机构责任。同期，德国联邦政府宣布将制定一项法律，禁止使用人工智能技术在工作场所对员工实施监视。德国内政部和劳工部提出，在新的《员工数据保护法》中引入监管人工智能应用的相关条款。2023 年 1 月，德国联邦教育和研究部（BMBF）发布《网络安全研究议程——时代转变过程中的措施》，对 2021 年制定的信息技术安全研究框架计划《数字化、安全、主权》进行调整，以更有针对性的方式应对俄乌冲突引发的挑战，强化德国网络安全基础。主要内容包括：创建安全、有弹性的数字系统；以跨学科方式应对复杂挑战；加强量子通信和 6G 的研究合作；讨论如何应对数字生活带来的社会挑战；加强科研领域网络安全；扩大与欧盟伙伴的合作；提高社会网络弹性和能力。2023 年 4 月，德国司法部提出一项旨在防止“数字暴力”和匿名仇恨言论的法律提案，其中要求针对平台企业提出民事索赔，以及平台应当披露IP地址以屏蔽恶意账户，这是德国首次通过法律对此类问题进行规范管理。2023 年 9 月 3 日，德国联邦教育和研究部（BMBF）部长贝蒂娜・施塔克－瓦青格（Bettina Stark-Watzinger）公布《人工智能行动计划》，提出将优先考虑 11 个关键领域，包括加强基础研究及制定创新研究议程；加强人工智能基础设施特别是计算机基础设施建设，注重培养人工智能领域专业人才；进一步关注教育、医疗等领域开发人工智能潜力的研究等。

（五）在对外合作逐步加深的同时，加大数据跨境流动安全监管与大型科技公司反垄断调查

2023 年 3 月 18 日，日本首相岸田文雄与到访的德国总理朔尔茨举行会谈。在全球供应链紧张和俄乌冲突造成局部地区经济混乱的背景下，两国发表联合声明称，“确认有意加强经济安全合作”，并致力于建立“双边防务和安全合作活动的法律框架，例如提供后勤援助和支持”。同年 7 月 27 日，韩国SK电讯在首尔举办全球电信人工智能CEO峰会，SK 电讯、德国电信等四国电信公司牵头发起全球电信人工智能联盟，并签署了人工智能业务合作协议，共同开发基于核心人工智能能力的电信人工智能平台。8 月 8 日，我国台湾地区台湾积体电路制造股份有限公司（简称台积电）（TSMC）宣布，将斥资 38 亿美元在德国新建一座工厂，这也是该公司在欧洲的第一座工厂。

数字经济时代，各国围绕数据跨境流动的合作与竞争成为全球治理焦点，数据保护标准尤其是数据跨境流动规则主导权之争更趋激烈。在此背景下，德国不仅致力于确保数据在欧洲内部的合法流动，努力在国际舞台上推动更公正和有效的数据流动规则，也采取一系列措施维护数据保护标准及其主导权。随着数据跨境流动问题不断凸显，德国代表的欧洲各国与美国大型科技公司之间的对抗日益加剧。2023 年 1 月，德国联邦数字化和交通部部长福尔克·维辛与 X 平台时任首席执行官埃隆·马斯克进行会谈，警告称平台现有内容违反了欧盟《数字服务法》（DSA）。德国竞争监管机构 Bundeskartellamt 也在同期发表声明，对谷歌的数据处理条款提出异议，称根据其现行条款，谷歌能够在未经用户同意的情况下收集和处理来自旗下服务和第三方提供商的数据，裁定谷歌必须修改相关条款。4 月 3 日，德国联邦数据保护专员称，出于数据保护方面的考虑，在德国联邦数据保护机构职权范围内，可能暂时禁止在德国使用 ChatGPT。

二、布局及发展特点

（一）重视对公民个人数据的保护

欧盟主张的“数据主权”立足于保护公民基本权利、维护欧洲价值观，强调数据应掌握在公民个人手中。在 27 个欧盟成员国中，德国在个人数据保护方面始终走在前沿。近年来，德国坚持将数据主导权放在公民手中，强调数据主体对个人信息的掌控权。在法规制定上，德国关注制度的落地和监管的有效性，同时通过完善数据安全监管执法机构设置提升执法效率，加强数据安全保护治理，以加强德国“数据主权”。此外，政府重视与业界合作建立行业自律和标准，推动企业自觉遵循数据保护标准。在商业实践中，德国通过激励企业采用安全技术和建立透明的数据处理机制，试图提升全社会数据保护水平。

（二）重视产业布局规划

近年来，随着信息技术和互联网的发展，全球价值链结构发生了深刻变化，国家间产业竞争日益加剧，德国信息化发展相对滞后，传统制造业竞争力下降。同时，全球经济重心的转移、逆全球化趋势的加剧和疫情的冲击等因素，对德国产业战略布局提出了新的要求。为此，德国在 2023 年采取多项举措布局新技术产业发展，围绕人工智能、量子技术等重点领域，及时调整更新高技术产业发展政策。为增强高技术领域基础研发能力，德国加快科技基础设施体系建设，打造具有国际影响力的创新平台，增强数据、算力等资源共享，深化与高技术领域国际组织、专家学者的交流互动，不断强化标准体系建设，积极参与国际技术标准和规则制定。

（三）积极参与网络空间国际规则制定

网络空间国际规则与负责任国家行为规范的制定是网络空间国际治理的核心议题，德国在这一领域“三管齐下”。一是始终将联合国视为其参与国际规则制定最重要的多边平台，参与每一届联合国信息安全政府专家组谈判，积极提出修改和补充意见。二是在国际上推广其在地区性平台与他国达成的成果文件。小多边以及地区性平台无法产出普遍适用的、涵盖领域广的全球性公约，但可以针对特定领域更快地制定协议与规则，并且充分体现参与国的利益诉求。三是多利益攸关方平台成为德国参与国际网络规则制定的重要补充路径。这一路径汇集了政府、国际组织、技术社群、企业等众多行为体，在此类平台上达成的共识，也可以为德国在联合国信息安全政府专家组和不限成员名额开放式工作组中发挥作用、提供参考。

三、总结与启示

网络空间国际治理的博弈，在一定程度上表现为各种治理理念与主张的争鸣。当前，国际社会在网络空间国际规则制定、互联网治理、全球数据治理等关键议题上仍存在较多分歧。德国从自身立场出发，一方面将继续积极参与网络空间国际治理并发表主张。德国作为西方发达国家一员，其治理主张与英、美等西方国家有相近的价值与利益取向，但同时，德国的政治传统、灵活的多边主义外交以及秉持的欧洲价值观，也赋予其网络外交与网络安全政策一定的特殊性。对于德国而言，参与全球治理历来是提升国际影响力、维护国家利益的重要途径。另一方面，德国在开展网络空间合作方面仍将秉持本国利益优先的原则，在充分享有全球化市场红利的基础上，进一步强调“去风险”，其网络空间战略泛安全化色彩或越来越浓厚，将网信领域视为其重要竞争力予以保护。

1.4　2023 年法国网络安全和信息化情况综述

自 2023 年以来，法国在战略自主的导向下，积极通过各种手段增强自身在网络安全和信息化领域的行动力和影响力，在“法国2030”创新投资计划的框架内持续布局面向未来的信息基础设施，推进“2023—2025数字基础设施战略”，加强网络空间内容治理，持续推动人工智能战略实施，并高度关注人工智能算法风险和伦理安全问题，致力于成为人工智能领域的领导者，进一步增强法国的软实力和国际竞争力。

一、主要政策措施

（一）持续强化电信及网络安全管理，推进数字基础设施建设

一是启动“未来网络”研究计划，并推出“法国6G”平台。法国政府2023年7月10日宣布启动“未来网络”研究计划，以支持5G应用等未来网络相关研发，并委托有关机构推出“法国6G”平台，为6G网络的到来做好充分准备。其中“未来网络”研究计划由法国原子能和替代能源委员会、国家科学研究中心和法国国立高等矿业电信学校联盟共同发起，召集该国公共研究机构参与10个针对未来网络技术的大型研究项目。该计划包含4条主线：开发5G应用以提高法国经济竞争力、开发法国自主的通信网络解决方案、巩固未来网络的研发力量，以及加强培训并吸引国际人才。

二是加强重大活动网络安全保障，使用AI技术防范巴黎奥运会安全风险。法国国家网络安全局（ANSSI）在几年前就开始为巴黎奥运会做准备，包括增加网络安全预算、花钱雇佣“道德黑客”对系统进行压力测试、使用AI对威胁进行分类等。巴黎奥运会组织委员会与艾维登、思科两家数字技术公司紧密合作，持续监控和识别恶意行为者，以便在基础系统层面对其进行检测和过滤，保障奥运期间信息系统和网络安全。2023年4月，法国议会批准了一项法案，允许在2024年巴黎奥运会和残奥会期间使用AI视频监控，旨在通过算法处理图像来更快地发现风险，预防和惩罚因体育场禁令而在活动中发生的暴力行为。但该法案引起了部分“人权组织”的争议，担心其有可能将2024年巴黎奥运会转变为“对隐私权的大规模侵犯”。

三是以安全为名积极推广本土通信软件。5月10日，法国政府发布了《数字空间监管法案（草案）》，旨在规制互联网中不安全的信息来源，建立更健康的网络环境，希望借此恢复法国公民和企业“对数字技术的信心”，并保护那些最年轻、最脆弱或最不了解技术的互联网用户群体。12月初，法国政府发布通知，要求所有政府雇员在2023年12月8日之前卸载Signal、

WhatsApp和Telegram等外国通信应用程序，转而使用由法国公司开发的本土通信应用Olvid。不过，这一指令是针对部长、国务秘书、参谋长和内阁成员的建议性指导，而非强制性禁令。此前，法国政府在2023年3月跟风许多其他西方国家，禁止政府官员使用TikTok应用，以防止所谓的间谍活动。外界认为，Olvid如果顺利成为法国政府内部首选的通信工具，势必将再次引发关于数字主权和国家安全的广泛讨论。

（二）加强网络内容治理，强化对社交平台的管控

自2023年以来，法国持续出台政策措施，通过不断完善立法、加强监管、举办科普教育活动等，切实提升网络治理能力，净化网络环境。

一是通过法案给“网红”立规矩。法国议会6月1日通过“网红”行业监管法案，对“网红”商业行为设置了明确的“禁区”，提出了专门针对未成年人的保护措施，还强调了从业行为的透明度等，打击误导性或欺骗性商业行为在互联网上的蔓延，让“网红”世界不再成为法外之地，法国由此成为针对“网红”商业活动率先制定完整监管框架的国家之一。这项跨党派法案于2023年1月底提交，法国国民议会和参议院分别于5月31日和6月1日对法案进行投票表决，并一致通过，违法者最高可面临两年监禁和30万欧元罚款。法案实施后，已经有多名“网红”遭到曝光和处罚。除了规范时尚、消费领域“网红”的行为，法国有关机构还对金融领域博主采取“认证制”措施。9月7日，法国金融市场管理局和法国广告监管机构发布了“金融网红责任证书”的诸多新细节，以加强对金融领域博主的监管。

二是严防骚乱，要求社交媒体平台担责任。自6月27日起，法国警察枪击17岁北非裔法国青少年致死事件持续发酵，迅速演变为全国范围的暴力骚乱。在危机应对过程中，法国政府将网络社交平台的推波助澜视为引发骚乱的主要原因，迅速加强平台管控力度。①要求社交平台配合遏制煽暴内容传播。7月1日，法国内政部明确要求社交媒体下架具有煽动性并刺激民众情绪的敏感视频，并向执法部门提供发布煽暴信息的网络用户身份，涉及X平台、色拉布、TikTok等社交平台。7月4日，马克龙宣布持续数日的骚乱高峰期“已经过去”。从发布时间看，相关政策对遏制骚乱规模扩大、避免事态升级产生直接影响。②围绕加强社交平台管控提出立法建议。7月4日，法国参议院提出新法案，要求在涉及煽动暴力、破坏或侵入公共设施等情形下，社交平台必须提供相关用户的身份信息，并在两小时内对政府处置意见作出快速回应，否则将处以1年监禁和25万欧元罚款。相关立法引发有关损害言论自由和个人隐私权的担忧。③网传法国政府在局部地区实施了短时间“断网”。7月2日晚，X平台上流传的一份“法国内政部官方文件”显示，“内政部将采取特殊措施，自7月3日起的夜间时段限制法国部分地区的互联网连接服务，防止滥用社交媒体和在线平台协调非法行动和煽动暴力。医院、急救和关键基础设施等不受影响。”随后，法国铁道部发表声明称，移动和固定电话服务正常运营。相关消息引发争议后，法国内政部通过官方X平台账号予以否认，但法国舆论仍议论骚乱程度减弱的原因与一定程度的“断网”及网络监控有关。

（三）加大对人工智能领域的投入，争夺欧洲人工智能中心

近年来，美英德日等国均陆续发布国家层面的人工智能战略，积极推动人工智能研究开发和产业应用。法国作为欧盟的核心成员国也不甘落后。2023年，法国在人工智能领域动作不断，法国总统马克龙亲自推动法国成为欧洲的人工智能中心，希望通过在人工智能领域的更多投入来缩小差距，并在人工智能技术领域打造两三个“全球巨头”。马克龙6月在巴黎举行的“科技万岁”科技创新展开幕式上宣布，将追加投资超过5亿欧元发展人工智能，打造世界级产业群，希望法国大力发展生成式人工智能和开源大语言模型，并鼓励建立法语数据库。在政府的支持下，法国初创公司Mistral AI在9月发布了其首个生成式人工智能模型，意图与美国人工智能领域的领导者竞争。由人工智能领域知名人士5月创办的企业Mistral AI在6月份获得1.05亿欧元融资后，12月又宣布已筹集3.85亿欧元，这推动了该公司跻身估值超过10亿欧元的法国独角兽企业之列，成为欧洲两大人工智能冠军企业之一，有美国媒体将其视为OpenAI的潜在对手。

（四）加大对数据隐私违法行为的处罚力度，不断完善个人信息保护规则

一是强化数据隐私监管，加大对违法行为的处罚力度。4月3日，法国数据保护监管机构国家信息与自由委员会（CNIL）根据欧盟《通用数据保护条例》（GDPR）发布了最新的《个人数据安全指南》，规定了确保个人数据安全应实施的基本预防措施。1月4日，CNIL对苹果公司处以800万欧元的罚款，原因是苹果公司在App Store上的定向广告违反了法国的数据保护规定。CNIL表示，苹果公司在iOS 14.6更新中，自动收集访问App Store用户的身份数据用于投放广告，而此举并未征得用户的同意。1月12日，TikTok被CNIL罚款500万欧元，理由是该社交媒体违反有关广告Cookie链接的相关规定，此举系欧洲针对TikTok开出的最大罚单。此前CNIL因为同样原因对谷歌、脸谱、微软和亚马逊进行了处罚。

二是关注未成年人的在线安全和隐私保护问题。CNIL发布了有关互联网接入的家长控制标准的两项决定，将禁止13岁以下未成年人下载应用程序，并阻止其在某些终端上访问内容，同时要求设备上的强制性功能不得导致额外的儿童数据收集。6月29日，法国参议院批准了一项新的法律，要求社交平台核实用户年龄以保护未成年人在互联网上的安全，15岁以下未成年人使用社交平台需要获得父母同意。

三是关注ChatGPT等人工智能技术带来的风险。随着ChatGPT掀起的人工智能浪潮席卷全球和深入发展，相关机构对人工智能的监管也将越来越受关注。4月13日，CNIL决定对ChatGPT提出涉及数据安全、用户隐私等5项指控，并对此展开调查。根据GDPR，此类系统有义务尽可能提供准确的个人数据。为此，欧洲数据保护委员会（EDPB）宣布成立专门工作组，以促进该调查在欧洲地区的合作事宜。5月16日，CNIL公布了一项旨在解决与人工智能，特别是像聊天机器人ChatGPT一样的生成式应用程序相关隐私问题的行动计划。7月4日，法国参议院投票通过"数字空间安全与监管法案"框架下2项关于"深度伪造"的修正案。第一项修正案由政府提出，将"深度伪造"纳入《刑法典》，规定"未经某人同意，发布通过算法处理生成、复制其形象或话语的视觉或音频内容"，将被处以一年监禁和1.5万欧元罚款，如果通过社交网络传播，将适用加重处罚情节。第二项修正案针对的是用于色情服务目的的"深度伪造"，将被处以两年监禁和6万欧元罚款。10月11日，CNIL发布"尊重隐私的人工智能创新指导原则"，针对业界对于人工智能领域法律不明的担忧，CNIL作出明确回应："GDPR为人工智能创新提供了充分的数据保护框架，其目的限制、数据最小化、存储限制和限制反复使用等原则也适用于人工智能领域。"

二、布局及发展特点

（一）在网络生态治理上突出"双管齐下"

一方面加强网络空间内容行为的监管：另一方面不断通过监管压实平台主体责任，"双管齐下"净化网络空间。在内容行为监管方面，法国出台了针对网络博主广告行为的监管法，发布了《数字空间监管法案（草案）》，并开始讨论一项包含欧盟《数字服务法》和《数字市场法》的实施条款在内的新立法倡议，同时提出了有关数字欺诈、在线骚扰、儿童保护、媒体禁令等方面的新建议，还就“深度伪造”进行了立法。在平台监管方面，法国要求社交媒体网络将具有煽动性并刺激民众情绪的敏感视频下架，并把“断网”纳入监管选项，先后对TikTok、苹果公司、在线广告公司Criteo等就其认定的违规行为处以罚款，进一步压实平台责任。

（二）在数字经济发展上强调“战略自主”

法国重拾戴高乐主义，提出“欧盟战略自主”的说法。确保欧盟在人工智能领域的产业优势和战略自主性，已成为法国所确定的优先事项。法国总统马克龙认为，若不想在关键问题上依赖他人，战略自主权必须是一场欧洲的战斗。因此，在数字基础设施建设、社交网络、人工智能等领域，法国都加快推进战略自主性步伐，通过启动“未来网络”研究计划并推出“法国6G”平台、推广本土安全通信软件并强化对社交平台管控、加大对人工智能领域的投入等举措增强战略自主性。

（三）在战略策略上寻求“抱团借力”

在自身实力不足的情况下，法国想要充当人工智能领域领导者的角色面临多方面的制约，在欧洲内部，法国也面临人工智能领域的激烈竞争，尤其是来自英国的挑战。在ChatGPT引发的这轮人工智能热潮中，欧洲的两大经济体英国和法国正在激烈争夺AI中心的领导地位。英国通过首次召开全球人工智能安全峰会抢占先机；法国经济、财政及工业、数字主权部10月30日发布新闻公报表示，法国、德国、意大利决定加强人工智能领域合作。法德意等欧盟主要国家希望通过“抱团取暖”的方式，整合科技、政策、资金等资源，以确保欧盟在人工智能领域的产业优势和战略自主性。据悉，三国正在制定人工智能战略愿景，商讨欧洲的联合项目和额外投资，并通过出台人工智能监管法规来管控风险。

三、总结与启示

一是抓住机遇，凝聚共识，推进欧盟与中国的自主合作。法国总统马克龙在不同场合多次重申欧盟战略自主性，旨在恢复法国在国际事务中的世界大国地位，符合我国对构建多极化世界的期待，也有利于欧盟对华政策保持一定的独立性。建议我国适当回应法国对欧盟战略自主的诉求，支持欧盟平等参与在联合国框架下制定和实施网络空间负责任的国家行为准则，构建多边、民主、透明的全球互联网治理体系。

二是促进人工智能创新发展与监管规范协同并进。通过对法国人工智能战略部署和发展经验的总结分析可以发现，法国在努力寻求基本权利保障与技术发展需求的平衡点。人工智能的蓬勃发展具有双重性，一方面需要对技术发展进行支撑和帮助，发挥其创新潜力，避免对人工智能核心技术的过度监管；另一方面也应对人工智能可能产生的风险进行防范，迎接人工智能引发的社会治理挑战。我国在人工智能的规制方面，可以参考相关制度内容与立法技巧，结合发展实际，适时出台具有阶段性特征的人工智能发展行动计划，围绕与人民生产生活密切相关的重要场景，加快推动人工智能融合应用。同时，要加强风险防范和伦理监管，通过立法实现基本权利与技术发展的平衡，在肯定人工智能的社会价值、给予产业自由生长的空间、坚持市场化导向与政策鼓励立法方式的同时，对人工智能的发展方向进行把控，对存在风险的人工智能技术进行审慎监管，禁止涉嫌构成严重风险的人工智能系统产生和运行。

三是强化社交平台监管，营造清朗网络空间。7 月法国骚乱蔓延至欧洲，分析法国政府在本次骚乱中的社交平台管控措施，结合 2022 年年底以来，伊朗、格鲁吉亚、塞尔维亚等国家相继爆发大规模民众示威及暴力活动的背景，在法国政府出台有力管控举措的背景下，预计强化社交平台监管、谨防社交平台“武器化”将成为各国普遍做法。在法国推动相关立法后，或有更多国家跟进，我国现有法律法规面对社交平台发展趋势和新兴网络信息服务仍存在滞后性，健全社交平台监管立法同样具有紧迫性，亟待完善相关法律适用。

1.5　2023 年英国网络安全和信息化情况综述

2023 年，英国持续落实《国家网络战略》，从顶层设计和具体举措上完善网络空间安全问题应对。重视数据安全保障与数据开发利用，加强数据跨境传输的国际治理。在内容安全方面也推出新成果，通过重磅法案加强互联网平台内容审核。此外，英国政府还加大对信息化工作部署，包括投资人工智能发展、规划未来十年英国量子技术发展愿景、持续发力 5G/6G 技术创新发展、重视数字战略推进等。

一、主要政策措施

（一）落实落细《国家网络战略》，全方位筑牢网络安全防线

一是落实《国家网络战略》，持续跟踪后续进展。英国政府2022年12月15日发布了2022年新版《国家网络战略》，相较前几版，该版再次拔高对网络空间的重视程度，提出英国在2030年继续成为一个负责任的民主网络大国。在该战略的延续下，8月发布《〈国家网络战略〉年度进展报告2022—2023》，梳理了自战略发布以来取得的主要成就和里程碑。根据英国在2023年4月29日颁布的《产品安全和电信基础设施法案2023》（PSTI法案），英国将在2024年4月29日起开始强制执行联网消费设备的网络安全要求，为确保产品的网络安全和隐私保护，商家需要确保所有产品在进入英国市场前满足PSTI法案关于密码、漏洞报告和软件维护周期的三大要求，并提供相关的评估报告等技术文件。此外，2023年英国还发布一系列安全指南，推进网络安全工作开展，如加强对政府机构的网络安全审查，发布《实践中负责任的网络力量》指南，英国国家网络安全中心（NCSC）更新《风险管理指南》以帮助从业者管理网络风险等。

二是积极举办和参与网络安全演习活动，储备网络安全应对能力。2月，英国陆军组织开展西欧最大的网络战演习"国防网络奇迹2"，旨在为来自国防、政府机构、行业合作伙伴和其他国家的团队提供挑战性环境，测试参与者在现实场景中阻止针对盟军的潜在网络攻击的技能，并培养武装部队人员网络和电磁领域技能。此外，英国还参加了美国网络司令部举行的"网络旗帜23-2"演习、北约举行的"锁盾2023"网络安全演习等，不仅加强了自身的网络防御能力，也与盟友建立了更牢固的关系。

三是加强网络安全对话和战略伙伴关系，强化集体防御。2023年，英国先后与韩国建立"战略网络伙伴关系"，与日本进行第七次网络安全对话，与美国、荷兰、爱沙尼亚等国的网络安全有关部门协商加强集体网络防御。10月，英国科学、创新与技术部（DSIT）与新加坡网络安全局（CSA）表达了共同建设和发展明确界定的网络安全职业的意愿。

四是强调关键信息基础设施安全，应对网络犯罪风险。5月，英国内政部发布了一份反欺诈战略，旨在通过50多项新措施，到2025年将诈骗和网络犯罪减少10%，通过加强执法机构的合作和提供更多资源来打击欺诈行为，追捕

欺诈犯罪分子，并赋予公众更多的权利。11 月，英国政府与微软、谷歌、亚马逊等 11 家科技公司签署《在线欺诈宪章》，加强力度打击网络诈欺行为，这些公司承诺采取进一步的行动，以遏止、删除在其网站上的欺诈内容。8 月，英国内阁在发布的《2023 年国家风险登记报告》中发出警告称，未来两年内，关键基础设施有高达 5% ～ 25% 的概率遭遇重大网络攻击，认定网络风险是仅次于恐怖主义的战略风险。9 月，NCSC 发布《勒索软件和网络犯罪生态系统》白皮书，探讨了随着勒索软件和勒索攻击的日益流行，如何应对持续威胁。

五是重视网络安全从业人才培养，提高全民网络技能。2023 年 10 月，继 2022 年推出网络安全治理和风险管理以及安全系统架构和设计专业的标准试点计划后，英国网络安全委员会宣布了该国第一批特许网络安全从业人员，超过 100 名完成试点计划的从业者现已在理事会注册为特许、首席或助理级别。此外，英国政府还推出“网络探索者”项目作为“网络优先计划”的一部分，鼓励学校利用免费资源来提高全民网络技能。

（二）推动“英国版 GDPR”立法进程，加强数据领域国际合作

一是重新提出“英国版 GDPR”，减轻企业数据合规成本。2022 年 7 月，英国《数据保护和数字信息法案》在下议院被提出，2023 年 3 月，法案第一版被撤回，第二版在下议院提出，12 月在下议院通过并在上议院进行了二读。该法案被称为“英国版 GDPR”，但又有别于欧盟的 GDPR，旨在通过一系列广泛的条款来更新和简化英国的数据保护框架，法案的一个关键点是提升数据使用的安全性和效率，关注在维持高数据保护标准的同时，最大化利用数据带来的经济和创新优势，致力于减少商业和科研领域企业的负担。

二是加强数据跨境传输的国际合作。2023 年 1 月，英国和欧盟就贸易数据共享达成协议，这是英国脱欧协议谈判取得进展的第一个迹象。6 月，英国与新加坡签署《数据合作谅解备忘录》，通过加强数据方面的合作，进一步推动两国在数字贸易、数字身份、网络安全等方面的发展。9 月，英国和美国宣布新的“英美数据桥梁”，从 10 月 12 日起允许两国之间在线数据自由流动。10 月，英国政府宣布基于《欧盟－美国数据隐私框架》（DPF）的充分性决定，允许将个人数据从英国传输到已完成 DPF 认证的美国企业。10 月，英国和日本发布数据保护谅解备忘录，确认共享执法等领域信息。11 月，欧洲数据保护监督机构（EDPS）和英国信息专员办公室（ICO）签署备忘录，加强维护个人数据和隐私权的共同使命，并开展国际合作以实现这一目标。

（三）加强互联网平台内容审核，研究应对虚假信息

一是重磅法案获批成为法律，将加强互联网平台内容审核。10月，《在线安全法案》（OSA）获批正式成为法律，规定了服务提供商有责任识别、减轻和管理危害风险，尤其是社交媒体平台的运营商需要执行年龄限制和年龄审查相关措施，并防止儿童访问有害内容。英国通信管理局（Ofcom）已经开始围绕儿童在线安全问题进行磋商，预计于2024年发布出版物，内容包括分类门槛以及企业行为准则和指南，预计还有进一步的二级立法出台来全面实施该法案。2023年4月，英国推出《数字市场、竞争和消费者法案》，在多个层面强化对大型科技企业的监管，增强数字市场的竞争，保护消费者的权益，该法案被称为"英国版《数字市场法案》"，2024年5月，该法案正式通过。二是加强国际合作，研究应对虚假信息的新技术。英国研究与创新机构（UKRI）和欧盟支持一项新的跨国研究项目，基于自然语言处理和人工智能，设计和开发新的自动工具来应对错误信息的威胁。

（四）积极谋划新技术发展愿景，争取发展主动权

一是聚焦人工智能发展与监管，争取全球范围内的主动权。2023年3月，英国政府发布《创新型人工智能监管》白皮书，概述了监管机构应当考虑的原则，以最大限度地促进人工智能在相关行业中的安全和创新使用。11月，英国相关部门向议会提交了《人工智能（监管）法案》，并在上议院通过了一读，法案要求设立一个人工智能管理局，概述了该机构的主要职能和监管原则。11月，美国网络安全和基础设施安全局（CISA）与英国NCSC联合发布了《安全人工智能系统开发指南》，为人工智能系统开发人员提供开发过程中的网络安全决策。该指南是与全球其他21个机构和部委（涉及G7所有成员国）合作制定的，也是全球范围内首次达成的此类共识。2024年1月18日，英国中央数字与数据办公室（CDDO）发布了英国政府生成式人工智能框架，该框架解决了公务人员和受雇于政府组织的个人如何安全可靠地使用生成式人工智能的问题。此外，英国还举办了首届全球人工智能安全峰会，与包括中国在内的28个国家和欧盟共同签署了《布莱切利宣言》，这是全球第一份针对人工智能技术的国际性声明，旨在共同关注人工智能技术的潜在风险，并推动国际合作。

二是规划量子技术的发展愿景和路线图。3月15日，英国科学、创新与技术部发布《国家量子战略》，描述了未来10年英国成为领先的量子经济体的愿景和行动，以及量子技术对英国繁荣和安全的重要性。11月，英国又在

《国家量子战略》的基础上，公布了经过政府、行业、学术界和投资者多方讨论的五项重要任务方向，并制定了时间表。

三是大力投资 5G、6G 技术创新发展和研究部署。4 月，英国科学、创新与技术部发布《无线基础设施战略》，制定了 5G 发展目标和 6G 战略，投入预算高达 1.48 亿英镑以改善英国的数字连接情况。在 5G 方面，8 月，英国政府启动了一项总额为 4000 万英镑的新资助计划，以加快地方和地区当局的 5G 部署；11 月，英国政府公布 5G 创新区域计划，旨在创建本地项目以促进跨多个领域的先进无线连接。在 6G 方面，2023 年 2 月，英国设立首个国家 6G 研究机构，支持英国成为 6G 技术的世界领导者；10 月，英国表示计划投入 7000 万英镑推动 6G 技术研究。除了投资之外，英国还加入了一个新的全球联盟，以加强电信安全、弹性和创新。

四是重视推进数字战略，加速数字化转型。2023 年英国政府正在努力实施其数字化转型计划，目标是在 2025 年之前交付其路线图，具体包括 6 项任务：公共服务转型、政府服务的统一接入点、数据管理治理、安全系统和弹性、培养数字技能以及解决转型障碍。11 月，英国中央数字与数据办公室（CDDO）发布了其数字战略的最新进展。此外，6 月英国政府加快推进 GOV.UK One Login 计划，希望公民能够在所有公共服务中使用单一数字身份。

二、布局及发展特点

（一）突出延续性，全方位保障网络安全

英国是全球最早将网络安全提升至国家战略高度的国家之一，英国政府高度重视网络安全方面的顶层设计与战略部署。2022 年英国发布了《国家网络安全战略》《政府网络安全战略 2022—2030》等战略。2023 年，英国注重相关战略政策的延续和落实，从管理网络安全和风险、防范网络攻击、检测网络安全事件以及培养合适的网络安全人才等各维度出发，完善政策、出台计划、明确指南，确保全方位保障网络安全。

（二）后脱欧时代，英国的数据保护制度试图在与欧盟“脱离”和“稳定”之间保持平衡

2020 年 1 月，英国正式“脱欧”，结束其 47 年的欧盟成员国身份，此后英国一直谋求修订数字法案。一方面，英国的数据保护制度革新正展露出勃勃野心，抓住基于脱欧的“去监管机会”，用“常识性”的英国替代规则取代欧

盟的数据保护规则，创建“适合英国需求的新型数据权利制度”。另一方面，为了确保数据持续从欧盟流向英国企业，并避免英国失去欧盟“充分性认定”时可能遭受的重大经济打击，不得不维持当前数据监管框架的基本面。

（三）立足长远性，积极谋划新技术未来发展愿景

2023 年来，英国政府在人工智能领域动作频频。自 2022 年年底 ChatGPT 将生成式人工智能带入公众视野以来，相关技术已经历飞速发展，也引发人工智能可能失控或被滥用的担忧。在此背景下，2023 年英国加大了对人工智能的监管力度，举办了全球首届人工智能安全峰会。英国首相也表示，“希望英国不仅成为知识中心，而且成为人工智能监管领域的‘地理中心’”。此外，在量子技术方面，英国也积极谋划未来 10 年发展愿景，寻求关键领域话语权，争当“领头人”。

三、总结与启示

一是加强对网信相关政策法律的持续跟踪问效，及时出台配套措施。法律的生命在于实施，法律的权威也在于实施。英国重视持续跟踪网信战略政策与法律的后续落实情况，并出台系列配套措施，可以为我国提供参考与借鉴。我国也应当强化对网信政策、立法的落实情况的及时跟进，建立健全法律实施效果评估制度，特别是对重点战略政策及时出台相关配套措施，根据跟踪评估情况在实施过程中有针对性地进行调整，更好地推进法治治理体系与治理能力的现代化。

二是积极探索在兼顾数据安全保护前提下最大化挖掘数据价值的可行路径。英国政府表示，英国欲借助脱欧创建一个“世界级的数据权利制度”，从而建立新的有利于增长且值得信赖的数据保护框架，以减轻企业负担、促进经济发展、帮助科学创新并改进人民的生活。英国对于数据保护制度的革新体现出其对 GDPR 的反思，尝试克服 GDPR 复杂、烦冗的弊端，在促进数据利用和保护个人信息之间探索平衡点。如果未来部分尝试效果良好，或可成为我国借鉴的新范本。

1.6　2023 年俄罗斯网络安全和信息化情况综述

2023 年，持续发展的地缘政治经济形势对俄罗斯网络安全产生不容忽视的影响，尤其是俄乌冲突重塑了网络安全威胁格局，呈现出黑客活动显著增加、网络攻击与军事行动配合等特征。为应对网络空间日益严峻的挑战，俄罗斯从强化关键信息基础设施安全和防控、加强国产替代以降低采用外国设备的风险、严格数据保护、增强网络安全国际合作力度等方面提出维护国家和军事领域的网络安全的保障措施。同时，俄罗斯还加强对互联网内容的监管，大力推动前沿科技产业发展，加快信息技术突破以应对美西方的数字制裁。

一、主要政策措施

（一）积极应对网络安全威胁，强化关键基础设施安全防控

在俄乌冲突背景下，针对俄罗斯关键信息基础设施的网络攻击成倍增加，呈现全方位扩大趋势。1 月 24 日，俄罗斯互联网服务提供商 Rostelecom 发布报告称，2022 年针对俄罗斯的 DDoS 攻击打破纪录，最强大的攻击是 760Gbit/s，大约是 2021 年顶级攻击的两倍。最长的 DDoS 持续了 2000 小时。4 月 13 日，俄罗斯联邦安全局（FSB）表示，自 2022 年年初以来，已记录超过 5000 起针对俄罗斯关键基础设施发动的网络攻击。12 月 25 日，俄联邦安全会议办公厅新闻处发布消息称，2023 年，外国情报机构与私营机构和国际犯罪组织一起，不断对俄罗斯信息基础设施进行网络攻击，目标包括国家管理、通信、能源、交通、银行等领域的设施。

为此，俄罗斯采取多种措施加强关键信息基础设施的安全。一是加强信息安全保障体系建设，自断国际互联网连接进行演习以测试境内网络的运行。俄罗斯在 7 月 4 日至 5 日暂时切断了与全球的互联网连接，检查了俄罗斯网站和依赖网络的服务在俄罗斯与国外断网的情况下的性能表现。

二是加强国产替代，降低采用外国设备的风险，建立自身现代化信息高地。基于面临的高烈度威胁和挑战，俄罗斯大力发展自有信息技术，并积极实现国产替代。俄罗斯建立了一个有 500 多家领先的俄罗斯公司参与的强力中心系统开发新软件产品，使多达 85% 的外国软件已经有了俄罗斯的替代品。俄罗斯总理米舒斯京 2 月 7 日在“数字阿拉木图：新现实中的数字伙伴关系”论坛上发言时称，俄罗斯的国产软件几乎可以完全取代外国软件。因怀疑美国情报部门利用 iPhone 的漏洞监视俄罗斯工作人员，俄罗斯政府考虑禁止所有政府雇员使用 iPhone 手机。7 月 17 日，俄罗斯联邦工业和贸易部成为首个被要求禁止使用 iPhone 手机的政府部门。俄罗斯电信巨头 Rostelecom 还宣布计划向政

府官员提供使用国产Aurora操作系统的手机。俄罗斯国防部信息系统司副司长尼古拉·利申在8月再次表示，俄罗斯将推出“功能可完全替代海外智能手机的国产手机”。8月10日，俄罗斯政府宣布拨款33亿卢布建立数字经济信息安全中心。此外，俄罗斯联邦通信、信息技术和大众传媒监督局决定禁止外国托管服务提供商提供搜索引擎服务。

三是严格数据保护，维护国家数据安全。自俄乌冲突开始以来，俄罗斯加强了数据管理，严格执行数据本地化法规，并加大对违规公司的处罚力度。立法方面，2022年7月14日，俄罗斯总统普京签署第266号联邦法律，对《俄罗斯联邦个人数据法》进行了大面积修正，涉及跨境传输个人数据的通报及限制、非法传输个人数据造成侵权的通报、处理个人数据前的通报等方面的规定。其中个人数据跨境传输的前置通报等规定于2023年3月1日起生效，要求处理者跨境转移个人数据时引入强制性通知程序。执法方面，2023年6月，莫斯科一家法院对俄罗斯最大的科技公司Yandex处以200万卢布罚款，原因是该公司未将有关Yandex.Services服务用户的信息移交给俄罗斯联邦安全局。9月，俄罗斯因Tinder、Twitch违反数据本地化要求分别对其进行罚款。

（二）加强网络内容监管，加大对非法VPN的打击力度

一是加强极端内容监管，严格控制算法推荐。2月28日，俄罗斯总统普京在俄罗斯联邦安全会议上表示，在互联网上识别和打击恐怖主义和极端主义宣传的工作至关重要。俄罗斯国家杜马正在讨论一项更新版本的法案，旨在建立对使用推荐算法的服务进行监管的新机制，计划通过立法授予联邦通信、信息技术和大众传媒监督局控制互联网推荐算法的新权力。

二是强化紧急情况下的网络管制。8月，俄罗斯政府起草《2035年电信战略》草案，旨在建立一个在军方、国家安全部门和商业运营商之间共享频谱，甚至授予军方关闭网络的紧急权力。这可能会赋予俄罗斯军方对民用移动网络的控制权，包括在宣布国家紧急状态时禁用这些网络的权力等。

三是加大对非法VPN的打击力度。立法方面，9月，俄罗斯联邦通信、信息技术和大众传媒监督局发布一项命令草案，规定了禁止绕过互联网限制传播相关网站及信息的标准。俄罗斯将屏蔽所有应用商店（包括App Store和Google Play）中的VPN服务。该草案于2024年3月1日生效，有效期至2029年9月1日。技术方面，俄罗斯联邦通信、信息技术和大众传媒监督局还改变了其屏蔽策略，从屏蔽VPN服务器的IP地址转向屏蔽协议，除了驱逐不合规的VPN提供商并使用常规手段屏蔽域名和IP地址外，俄罗斯还在发展屏蔽特定流量协议的能力，包括针对OpenVPN、IKEv2 和 WireGuard 等流行的VPN协议，并计划制定一份白名单，列出以政府批准的方式使用VPN相关服务的组织。俄罗斯政府还在研究检测用户流量是否为VPN流量的方法，计划耗资 12 亿卢布开发一个互联网流量监控系统。10 月下旬，在俄罗斯索契举行的“Spectrum-2023”论坛上，俄罗斯公共通信网络监控中心负责人透露，目前已有 167 个 VPN服务和 200 多项电子邮件服务被屏蔽。

（三）加快高新科技产业发展，推动技术创新

一是加快推动半导体产业发展。俄罗斯提出了芯片产业发展“路线图”，计划到 2026 年实现 65 纳米的芯片节点工艺，2027 年实现 28 纳米本土芯片制造，2030 年实现 14 纳米国产芯片制造。为此，俄罗斯制定了新的微电子发展计划的初步版本，到 2030 年投资约 3.19 万亿卢布用于本地半导体生产技术开发、国内芯片开发、数据中心基础设施建设、本地人才培养、自制芯片营销和解决方案制定。在半导体制造方面，俄罗斯计划斥资 4200 亿卢布用于新的制造技术研发及提升。短期目标之一是在 2023 年年底前利用 90 纳米制造技术提高本地芯片产量，长期目标是到 2030 年开发使用 28 纳米节点的制造工艺。

二是大力发展人工智能。在战略规划和政策支持方面，俄罗斯计划推出新版《国家人工智能发展战略》，重点任务之一就是扩大生成式人工智能和大语言模型领域的基础和应用研究。为此，俄罗斯计划对《俄罗斯联邦数字创新领域实验性法律机制法》等多项法律进行修改，为助力人工智能的发展推出配套法律法规。俄罗斯总统普京还对俄罗斯人工智能发展提出了多项改革要求：首先是机制改革，要求俄罗斯政府、人工智能发展联盟和俄罗斯科学院设立新的机制，为俄罗斯科学家提供使用超级计算机的机会，为从事人工智能领域科学实践活动的人员和学生提供使用计算基础设施的便利条件；其次是技术升级，要求俄罗斯政府和人工智能发展联盟的成员企业努力将超级计算机的算力提高至少一个数量级；再次是加强教育，要求俄罗斯多个高等院校扩大对科学开发人员的教育培训。最后是资金支持，要求改革科研经费的结构，将更多资金用于生成式人工智能和大语言模型应用的研发。另外，普京还希望俄罗斯在人工智能伦理道德上的法律经验能够运用到该领域国际道德标准的制定中，特别强调了俄罗斯《国家道德规范》在人工智能领域的特殊作用，并建议在 2024 年俄罗斯担任金砖国家主席国期间，在该机制内详细讨论这些问题。对于人工智能使用上的伦理问题探究，普京呼吁在俄罗斯建立一个能够定期举行会晤的国际论坛。

在发展实践方面，3月26日，俄罗斯数据分析、建模和数据处理公司Sistemma基于自身开发及斯坦福大学的研究成果，推出功能类似于ChatGPT的俄罗斯版人工智能程序——SistemmaGPT。该人工智能程序在俄罗斯服务器上运行，适用于俄罗斯企业和政府机构。SistemmaGPT可用英语和俄语工作，能够分析大量数据并找到有用的信息、以虚拟助理的形式与客户通信、创建个性化推荐系统、自动处理订单和来电、回复电子邮件、与社交媒体用户互动。俄罗斯最大的银行 Sberbank 于 2023 年 4 月宣布启动并测试该国首屈一指的模型 GigaChat，旨在与 ChatGPT 竞争。

三是加快推进卫星互联网项目。联邦通信、信息技术和大众传媒监督局7月7日表示，俄罗斯正在建造低地球轨道卫星星座，将从2027年起利用近地轨道提供高速、低延迟的商业宽带互联网服务。俄罗斯IKS控股公司旗下的Bureau 1440 航天公司已成功将3颗低地球轨道卫星从俄罗斯远东的东方航天港发射升空。该卫星完全采用俄罗斯自主开发技术，具备高数据传输率和低延迟特征。俄罗斯还计划从2025年开始，每年向近地轨道发射十几次卫星。每枚火箭将携带约15颗卫星的有效载荷，预计到2035年将900多颗近地轨道卫星送入轨道。

二、布局及发展特点

（一）全面加快国产替代步伐

随着俄乌冲突演变成持久战，西方科技产业持续对俄“脱钩断链”，俄罗斯努力减少对美西方技术和数字基础设施的依赖，IT自主可控、确保关键信息基础设施安全和数字人才的引育等是俄罗斯反制举措的重点。尤其是随着苹果、微软和谷歌等许多西方科技巨头暂停或限制其在该国的服务，俄罗斯政府不断敦促用户和企业转向俄罗斯本土企业的软硬件替代方案，通过加快实施“进口替代”政策，鼓励当地企业和国有企业转向国产设备、技术、程序和产品，从根本上降低采用外国程序、计算机技术和电信设备所带来的风险，尽可能保护俄罗斯近年来推动的公共管理系统和经济领域数字化进程免受任何外部潜在负面因素的影响。

（二）着力强化网络审查和监管

俄乌冲突爆发以来，俄罗斯不断加强网络审查，据称已有近 400 个新闻网站、138 个金融网站、93 个反战网站和 3 个社交媒体平台在俄罗斯被封锁。随着被封锁网站数量的不断增加，大量俄罗斯民众开始使用VPN。为此，俄罗斯从完善法规政策和技术手段升级等方面不断加强对VPN的控制，阻止其民众访问部分网站和社交媒体上相关的负面舆论评论和观点。此外，俄罗斯还通过持续开展“主权互联网”Runet的断网测试、起草《2035 年电信战略》草案授予军方关闭网络的紧急权力，迅速推进对互联网的全面控制。

（三）锚定国际信息高地目标

人工智能是 2023 年全球科技领域最热门的词汇之一。俄罗斯也不甘落后，加强顶层设计，积极筹措资金，开展量子计算、超级计算机网络、人工智能、卫星互联网等方面的前沿技术研究和新技术的储备，打造国家统一云平台（Gosoblako）。俄罗斯还设立数字识别和认证技术发展协调委员会，确定了俄罗斯生物识别技术和统一生物识别系统的战略发展方向，出台《2030 年科技发展规划》，设定了到 2030 年在芯片、电信设备和软件等高技术产品上的国产替代目标，立足于国内研发成果实现“技术主权”。俄罗斯当局和商界签署高科技领域路线图，协议合作开发人工智能，并设定了雄心勃勃的人工智能发展目标，并计划到 2030 年建造多达 10 台超级计算机，每台超级计算机可能容纳 1 万至 1.5 万个英伟达H100 GPU，以提供近似于用于训练 ChatGPT 等大语言模型的性能。

三、总结与启示

无论是俄乌之间的军事冲突，还是美国和西方国家对俄罗斯的集体制裁，数字技术都在其中扮演了重要角色。它既是地面军事行动的有力支撑和有效手段，也是舆论战、认知战和经济制裁的关键因素。从科研合作的中断，到经济社会中的企业撤离，从操作系统和软件服务的停更，到资金和民航通信空间的软封锁，这些都给俄罗斯带来了深远的影响。从俄罗斯对美国和西方国家数字制裁的反制和破解效果来看，短期内做到了有效抵御，至少没有出现大规模的全面断网和信息基础设施瘫痪的事件。虽然数字制裁为俄罗斯普通民众的生活增添了诸多不便，但并没有因此发生大规模骚乱。

美国和西方国家的数字制裁不仅刺痛了俄罗斯，也向世界各国发出了警示。可以预见，发展数字经济将成为全球各国的重大发展战略。在下一轮以5G、人工智能、量子计算为代表的数字经济竞争中，各国都需要高度重视数字经济发展及其保障，夯实新基建，利用好“后发优势”，树立数字安全意识，维护数字主权独立。

1.7 2023年日本网络安全和信息化情况综述

2022年12月，日本政府通过新版《国家安全保障战略》《国家防卫战略》和《防卫力量整备计划》3份安保政策文件（简称“安保三文件”）。在此指引下，2023年以来日本政府动作频频，围绕提升“主动网络防御”能力，大幅提高预算并调整机构设置，深化与美欧等的网络安全合作，加速网络攻防能力建设。此外，加强网络空间内容治理，全面展开6G研发战略布局，争夺标准制定主动权，试图重振芯片产业。

一、主要政策措施

（一）强化网络防御方针，加速网络攻防能力建设

2023年以来，根据新版“安保三文件”，日本政府大力加强官民一体网络攻防能力建设，明确强化网络防御方针，设置统一综合协调网络安全保障政策的新组织，构建“与美欧同等以上水平的网络安全能力”。

1. 大幅提高网络安全预算，调整机构设置

预算方面，2023年3月，日本国会批准了2023财年（2023年4月至2024年3月）财政预算案，预算总额114.38万亿日元，其中2643亿日元用于增强网络能力，较2022财年345亿日元的网络经费预算增加了近7倍，计划从持续实施信息系统风险管理以确保网络安全、加强信息系统防护、推动网络防御态势3个方面发力强化网络安全建设。8月，日本防卫省敲定了2024年度防卫预算概算申请，申请2303亿日元用于强化网络能力，将落实风险管理机制、防护信息系统、加强教育与研究功能、强化网络防御体制、推进防卫产业网络安全对策等。

机构设置方面，一是扩充网络安全编制。新版“安保三文件”强调自卫队要支援强化日本全国网络安全能力，提出了到2027年将网络专门部队人员扩

充至约 4000 人的计划，加上从事系统采购与维护和运营等的人才，计划总数达到约 2 万人，并将在未来进一步扩充。日本防卫省决定在 2023 年内将自卫队网络部队的人员规模扩充至 2230 人，比之前增加 1340 人，并让自卫队最早在 2024 年为日本私营企业提供网络保护，以防军事机密外泄，以及支援电力、交通及通信等关键基础设施的网络监视。二是积极组建网络安全新机构。2023 年 1 月，为提升网络安全领域的应对能力，日本政府设立了“内阁官方网络安全体制整备准备室”，下一步还将改组并发展“内阁网络安全中心”（NISC），设置新的司令塔组织，强化情报收集及分析能力等。总务省将新设“综合分析对策中心”，统一管理检测服务器和物联网（IoT）机器，以准确地掌握用于 DDoS 攻击的僵尸网络整体情况并迅速找出有效应对之策。警察厅计划 2024 年 4 月将网络特搜队升级为网络特搜部，新设负责情报分析的“企划分析课”和负责搜查的“特别搜查课”。为强化综合防卫力，日本政府还计划新成立将民用尖端技术用于开发防卫技术的跨省厅组织，协调各省厅、国立研究机构等开展网络对策等尖端技术研究，自 2024 年开始实施。三是改编并充实网络战人才培养体制。为了增加自卫队网络要员，日本防卫省将从根本上强化教育体制。2023 年计划将神奈川县横须贺市的陆上自卫队的“陆上自卫队通信学校”改编为“陆上自卫队系统通信 · 网络学校”。除了从各自卫队抽调人员开展专门教育外，还计划为网络运用要员等提出应对知识的讲习，成立负责指导的网络教育部。

2. 围绕提升“主动网络防御”能力，构建网络安全新体系

一是战略政策与立法方面，“安保三文件”明确提出了引入防范网络攻击于未然的“主动网络防御”。6 月，日本防卫省发布首个《防卫技术指针 2023》，提出构建高效的网络空间防御能力，重点发展网络攻防技术、未知攻击检测应对技术、自动阻断和应对网络杀伤链技术等。7 月，日本政府召开“网络安全战略本部”会议，通过了《网络安全 2023》年度计划，提出有必要官民一体推进网络安全对策措施。日本防卫省制定的《关于加强防卫省采购装备等开发与生产基础的法案》也已经获得国会批准，从 2023 年 10 月起实施，规定为支持军工产业发展，直接向强化网络安全对策的军工企业提供补贴。鉴于此前名古屋港系统遭网络攻击导致物流停滞，日本政府在 11 月决定，把港湾加入《网络安全基本法》规定的“重要基础设施”中，同时将对 209 家关键基础设施运营公司进行网络安全审查。此外，日本政府正在研究修

订《电信事业法》《禁止非法访问法》《刑法》等，以赋予政府访问他人数据、制作和提供计算机病毒的部分权限。二是平台与机制方面，日本防卫省计划从2023年起在东京都新宿区的中央指挥所建立一个名为“中央云”的综合信息系统，以汇总自卫队情报信息，相比此前分散管理的系统，“中央云”系统抵御网络攻击的能力更强。日本政府还在着手研究建立官民共享遭受网络攻击信息机制，警察厅网络警察局计划2024年设立推进官民合作的“网络案件遏制对策室”。6月，日本情报通信研究机构（NICT）计划与多个组织合作，推进“NIRVANA改”网络攻击综合分析系统，该系统搭载了跨组织俯瞰分析新功能，集中、分类、关联分析各组织安全机器发出的警告，构建下一代安全对策基础。8月，前统合幕僚长斋藤隆、前总务次官铃木茂树、前经产次官安藤久佳、前防卫次官岛田和久、前警察厅长官中村格等宣布，年内将设立作为协调官民合作的一般团体法人，汇集信息通信产业资源，与政府联合推进强化网络安全，与政府机构开展合作，支援产业界培养高级人才。

3. 深化与美欧等的网络安全合作，借助盟友力量强化网络攻防能力

一是深化日美同盟网络安全合作。1月6日，日本与美国签署加强网络安全合作备忘录，两国政府采购软件将设定相同水平的安全标准，以降低政府系统遭受网络攻击的风险。1月12日，日美“2+2”会谈确定，深化网络领域合作是日美同盟现代化的核心之一，强调包括网络领域在内的跨域作战能力至关重要，同意强化合作应对网络威胁进一步升级与常态化。8月18日，日美韩举行首次三边首脑峰会，确认就网络安全等开展合作。10月4日，日本防卫大臣与美国国防部长首次面对面会谈，一致认为信息保全、网络安全是同盟的根本，同意开展合作彻底强化网络安全。

二是推进与北约、欧盟网络安全合作。1月初，日本首相相继访问法国、英国、意大利亚等五国，与各国首脑确认在网络领域强化合作。1月31日，日本首相与北约秘书长联合声明重申，在网络空间等新安全领域开展合作的重要性。4月18日至21日，日本第三次参加北约合作网络防御卓越中心（CCDCOE）“锁定盾牌”年度演习。5月4日，北约表示将在网络防御等领域与日本加深合作关系，并于2024年内在东京开设联络处，这是北约在亚洲开设的第一个联络处，用于与日本、韩国、澳大利亚、新西兰等主要伙伴进行定期磋商，并联络其他亚洲国家，例如印度和东盟国家。7月12日，日本与北约签署新文件《个别针对性伙伴关系计划》，确认在应对假信息等领域深化合

作。7 月 13 日，日本与欧盟首脑会谈发布联合声明，升级应对网络攻击等领域的合作。

三是扩大与“印太地区”网络安全合作。日本计划将包括自身在内的美澳等网络防御“先进国”与“印太地区”其他国家网络防御系统连接起来，构建区域网络作战预警体系，扩大网络感知空间和监视范围，以便快速感知和共享网络攻击征兆和方式等信息。外务省在 2024 年度预算概算要求中列入在海外加强网络防御的经费，其中“印太地区”被视为重点区域，将通过政府开发援助，对东南亚和太平洋岛国提供该领域的软硬件支援。除直接提供相关设备外，日本还将通过举办联合演习、给予定向资金扶持等方式，向相关国家传授经验。10 月 5 日，日本与东盟网络安全官民联合论坛在东京召开，双方签署维护网络安全民间合作备忘书，力图官民携手提升网络攻击应对能力。12 月 17 日召开的东盟-日本关系 50 周年纪念峰会上通过的共同愿景声明显示，东盟和日本将多措并举，加强私营部门网络安全领域的合作关系，推动支援东盟各国数字人才培养与网络防卫体制强化，提升应对网络攻击的能力，通过人才培育机构“日本东盟网络安全能力构筑中心”提供培训。12 月，美日韩还启动了新的三方倡议，以加强针对朝鲜网络威胁的行动。

（二）加强网络空间内容治理，大力打击虚假信息

11 月 2 日，日本一男子用 AI 模仿岸田文雄的声音与外貌制成低俗发言，视频右上角甚至还使用日本电视台的新闻节目标志等，模仿线上发布会的样式，短短一日播放量就超过 230 万次，该事件引发大众对虚假信息的担忧。2022 年年末日本修改的《国家安全保障战略》写进了加强对信息战的应对能力；自 2023 年以来，日本政府采取了多项措施应对日益频繁的虚假信息。

资金投入方面，日本为应对有关福岛第一核电站排放核污染水所谓的“虚假信息”，申请逾 700 亿日元的 2024 财政年度预算，具体应对措施包括日本政府加强对“虚假信息”的监测和“正确信息”的宣传，并引入 AI 收集和分析信息。日本外相对外透露，就 2024 年度预算案与财务大臣交涉，外务省 2024 年度预算案中就“从根本上强化应对虚假信息等的信息能力”争取到 276 亿日元预算。

技术方面，外务省在 2023 年推出了一套全新的 AI 系统，用于收集和分析社交媒体等平台上的信息，以及在中长期内对公众舆论影响进行追踪。例如外务省使用 AI 来监控网上关于核污水中含有放射性物质的报道，并通过制作大量宣传材料来稀释这些信息的浓度。同时，日本政府通过补贴和其他援助支持大学和研究机构开发虚假视频检测技术，其中日本国立情报研究所的一个团队就设计出一项对抗深度伪造的新方法，并将该方法用于公共机构和名人的深度伪造。

对外合作方面，日本政府拟设立名为“战略性沟通室”的应对虚假信息的新组织，将与北约合作共同应对虚假信息。7月，在美国国务院的资助下，日本东洋大学社会学系教授小笠原守弘与美国兰德公司高级社会学家克里斯托弗·鲍于太平洋论坛联合发表题为《美国和日本：联合打击虚假信息》的报告，不仅为美日共同应对虚假信息传播奠定理论与合作基础，为日本量身定制了应对虚假信息的策略，还进一步指出美日欧未来或可在同一框架下开展相关研究和行动。

（三）加快芯片发展进程，力争恢复昔日半导体产业荣光

2023年，日本持续出台半导体产业支持政策、大幅追加投资，进一步显示出其推动半导体发展本土化的决心。目标是到2030年将本土生产的半导体销售额提高两倍，达到15万亿日元以上。经济产业省于6月6日宣布修订《半导体和数字产业战略》，该战略为半导体、信息处理基础设施、先进信息和通信基础设施以及蓄电池等日本产业设定了未来的政策方向。日本首相岸田文雄10月确定的经济政策也将扶持国内半导体生产作为重要内容。为此，经济产业省推出总计2万亿日元的补贴计划，以促进国内芯片行业的投资，加强日本在全球半导体领域的竞争地位。一方面，日本通过财税补贴等方式，积极邀请海外半导体企业投资建厂，日本已经承担了台积电熊本工厂近一半的成本，并正在与台积电就支持第二家工厂进行谈判。同时，他们还计划为美光科技有限公司在广岛的工厂扩张提供约15亿美元的资助。另一方面则是积极支持本国半导体企业发展，其中最突出的就是由日本政府主导、由多家日本企业共同出资成立的Rapidus，该公司计划在2027年实现2纳米制程最尖端半导体的量产。

（四）全面展开6G研发战略布局，争夺标准制定主动权

2023年，日本全面展开了6G研发的战略布局，通过推出相关政策和设立研究计划，扶持重点项目和企业，立足产业优势推动6G发展，力图提升6G国际标准主导权。3月，总务省宣布在情报通信研究机构（NICT）设立信息通信研究开发基金，用于实施创新信息通信技术（Beyond 5G/6G）基金项目。该基金以成功开发下一代信息通信基础设施、实现30%国际市场份额为目标，重点支持具有技术优势、有明确海外扩张战略及计划并且技术相对成熟的研发

项目，处在研发早期阶段以及提升无线电频谱效率的研发项目。此外，日本电信电话公司（NTT）与KDDI两大电信巨头也将共同研发新一代光通信技术，携手攻克技术难题，希望在6G的标准制定中占据主动权。2023年1月1日，来自日本的尾上诚藏就任国际电信联盟（ITU）的电信标准化局主任，这是制定信息通信等国际标准的重要职位，负责召集来自世界各地的政府与企业代表，与专家一起制定国际公认的技术标准，被称为“LTE之父”的尾上诚藏因此被日本寄予厚望。

二、布局及发展特点

（一）战略先行，推进“主动网络防御”，更加突出“先发制人”

近年来，提升网络防卫能力屡次被写入日本重要安全战略。虽然数字技术领域一直是日本实现“自由开放的印太地区”这一外交政策目标最关键的领域之一，但是日本2022年年底推出了新的国家安全战略，在增强国防能力和经济安全的背景下进一步强调了这一领域，计划将包括自身在内的美澳等网络防御“先进国”与印太地区其他国家网络防御系统连接起来，构建区域网络作战预警体系，扩大网络感知空间和监视范围。纵观2023年以来日本加速网络攻防能力建设的主要情况和未来规划，都可以看到“安保三文件”的影子，系列举措都是围绕“主动网络防御”而开展。“主动网络防御”核心在于“先发制人”，以往日本网络安全主要措施围绕防御而开展，而现在要转向“先制攻击”，这与日本军事战略突破“专守防卫”思想一脉相承。

（二）“随美起舞”，日美同盟下经济科技合作愈加紧密

在日本的战略规划中，日美同盟被定位为安全与外交的基轴、维护地区和平与稳定的公共产品、国际社会发展与繁荣的战略保障。为使日美同盟发挥最大工具性效应，日本在网络安全和信息化领域的战略规划上谋求与美国战略的对接，不断强化与美国的经济合作，试图继续借助日美同盟谋求在新经济规则中的主导地位，通过美日印澳“四方机制”、“关键技术和供应链韧性”合作，就半导体等重要战略物资与西方国家进行政策协调。同时日本与美国共谋“印太经济框架”，双方就建立半导体协调机制、提升“供应链韧性与安全”达成一致，对芯片制造设备实施出口限制。

（三）谋求“复兴”，积极争夺新兴科技领域国际规则话语权

近年来，日本为了追求国际社会认可的大国地位，围绕科技制高点不断加

大投入力度，积极参与全球数字经济规则讨论，谋求国际竞争优势。尤其是随着近年来人工智能迅速发展，西方主要国家关于人工智能规则制定主导权的争夺渐趋激烈，日本也不甘落后，制定了一系列政策和战略，如“社会5.0”计划，旨在实现人工智能、大数据、物联网等技术的融合，为日本经济注入新活力。日本首相岸田文雄多次提出“日本愿在制定相关国际规则的问题上发挥引领作用”，欲在国际合作中主导规则的制定，并借作为七国集团（G7）轮值主席国机会，主导了AI国际规则“广岛AI进程”，旨在掌控全球AI领域相关规则和标准的话语权。在6G领域，日本将6G视为构建“社会5.0”的数字基石，并积极参与国际合作，通过推出“6G综合策略”和“超越5G推进战略”、设立由政产学研各方组成的“超越5G推广联盟”等举措加速研发进度，并积极与美国、荷兰开展6G技术联合研发。同时，日本政府全力支持尾上诚藏竞选并就任国际电信联盟（ITU）的电信标准化局主任，这也显示了日本急于主导制定新一代高速通信标准“6G”的国际规则的野心。

三、总结与启示

综合来看，在网络安全领域，日本以“主动网络防御”为核心，不断发展网络空间“先发制人”作战能力，不断翻新网络作战力量“出海”花样，提出新设机构、加强国际合作等措施，在以“先进带后进”方式延伸触角、编织网络作战预警情报网的同时，意图进一步强化网络战攻防能力，加强与美军在网络安全领域协同行动的“互操作性”。在信息化领域，日本政府为了重振本土芯片产业采取了一系列重要举措，希望让本国企业成为全球芯片供应链中不可或缺的一环，谋求重新夺回半导体强国地位，同时也在跟随美国对中国芯片设备进行出口管制。面对芯片领域产业链供应链“去中国化”的趋势，中国必须另辟蹊径，积极利用“一带一路”、《区域全面经济伙伴关系协定》（RCEP）等，拓展“更大范围、更宽领域、更深层次”的发展空间。

1.8　2023年韩国网络安全和信息化情况综述

韩国政府2024年初发布新版《国家网络安全战略》，由以往强调“以技术主导的情报保护”，转变为“突出攻防一体维护网络安全”“应对敌对势力制造的网络安全威胁”。回顾 2023 年，韩国在网络安全和信息化领域展现出主动应对数字时代挑战的战略姿态，重点围绕个人数据保护、信息化发展与网络安全，构建起一套系统性政策框架。

一、主要政策措施

（一）旨在构建全面的网络空间战略框架及政策体系，在推动信息化发展的同时有效应对网络威胁

在个人数据保护方面，韩国个人信息保护委员会（PIPC）发挥着关键作用。2023 年 1 月 11 日，韩国个人信息保护委员会公布其 2023 年战略计划，年度工作覆盖跨境数据传输、儿童隐私保护、黑暗模式防范和公共部门数据处理等重点领域。8 月 17 日，韩国个人信息保护委员会发布《国家个人数据创新促进战略》，主要目标包括搭建可连接所有数据的数字平台，以及在以人工智能为中心的数字化时代保障公民隐私权和个人信息自决权。

在信息化发展方面，韩国科学技术信息通信部（MSIM）2 月 20 日公布“K-Network 2030”战略，表示将在 2026 年推出“Pre-6G”技术。同时，韩国政府发布“新增长 4.0 战略”推进方案，确保未来产业增长动力，涉及芯片、显示行业和人工智能等新兴领域。政府还宣布了“韩国网络 2030”战略，旨在促进公私合作开发 6G 技术，围绕基于软件的下一代移动网络进行创新，并加强网络供应链。

在应对威胁方面，韩国国防部部长 11 月 17 日在公开场合表示，韩国将制定一项积极主动的网络安全战略，以应对网络空间的复杂威胁，原因是“针对韩国军队和国防工业的网络威胁正在升级”。

（二）加强个人信息保护领域法治保障，完善相关法律体系建设

针对个人信息保护，以 PIPC 为代表的信息保护组织根据战略目标不断完善法律框架，对个人数据保护开展规范性立法工作。6 月 21 日，PIPC 公布其个人信息处理政策评估标准，目的是通过规定个人信息处理政策评估标准和程序，加强个人信息处理的问责制和透明度。6 月 28 日，PIPC 公布其 2024—2026 年度个人信息保护基本计划，旨在引领韩国基于公众信任的数字化转型。9 月 5 日，PIPC 在内阁会议上宣布批准修订后的《个人信息保护法》（PIPA）实施令，修正案和修正后的《PIPA 执行令》于 2023 年 9 月 15 日生效，将由 PIPC 负责监督和执行。新法规涵盖数据可移植性、数据传输、儿童个人数据

保护和数据泄露通知等内容。9月25日，韩国科学技术信息通信部发布《数字权利法案》章程，概述了韩国在国际社会参与数字秩序建设的基本方向，为私营机构和监管部门讨论与人工智能等数字技术相关措施或政策提供了框架。10月12日，PIPC宣布韩国《个人信息境外转移管理办法》将于2023年10月16日起施行。该办法规定了与海外转移专家委员会运作有关的事项，该委员会作为一个咨询机构，负责评估个人信息海外转移事项。此外，韩国加大了对大型科技公司违反数据保护条例的处罚力度。2月8日，韩国个人信息保护委员会就违反《个人信息保护法》对Meta处以660万韩元的罚款。韩国最高法院4月13日宣布，已就谷歌以及一组使用谷歌服务的原告之间的2017年第219232号案件作出裁决。最高法院特别指出，此案涉及谷歌用户个人信息的使用，原告意图迫使谷歌公开其在披露用户数据方面的做法。

（三）与美欧国家和组织开展网络空间战略合作，寻求可在全球形成主导影响的创新技术优势

2023年6月9日，韩国成为第四个加入世界上首个多边数字贸易协定《数字经济伙伴关系协定》（DEPA）的国家。6月30日，欧盟和韩国在首尔举行第一届数字伙伴关系理事会，双方就推进包容性和弹性数字转型合作的关键成果达成一致。另外，结盟应对外部威胁成为行动选项。1月5日，韩美日三国政府在华盛顿举行首次三边印太对话，重申共同应对印太地区主要威胁。英国议会外交事务专责委员会当地时间8月30日发布对英国政府印太政策的审查报告，呼吁英国政府向澳大利亚和美国提议，邀请日本和韩国加入美英澳三边安全伙伴关系（AUKUS），共同开发网络防御技术。11月6日，韩国总统办公室发表声明称，为应对网络威胁，美韩日三国将成立一个网络问题高级别协商机构。在11月27日至12月1日举行的北约“网络联盟2023”演习中，韩国首次作为伙伴国正式参加演习，加强网络空间合作成为主要内容。此外，韩国大型科技公司致力于促进技术创新。7月27日，韩国SK电讯在首尔举办全球电信人工智能CEO峰会，SK电讯、德国电信、阿联酋电信集团和新加坡电信发起全球电信人工智能联盟，共同开发基于核心人工智能的电信人工智能平台。12月13日，荷兰阿斯麦公司（ASML）与三星达成协议，将在韩国建立首个离岸研究实验室。

（四）重视网络安全和新兴技术领域投资

针对人工智能等创新技术，3月30日，韩国顺利批准本国《芯片法》，明确将通过给予三星电子、SK海力士等本土企业税收减免的方式刺激投资。韩国政府希望凭借该法案和激励措施，保持其在全球芯片制造业务方面的领先地位。韩国科学技术信息通信部9月5日宣布，到2027年，韩国政府将在网络安全领域投资1.1万亿韩元，目标是将国内网络安全产业规模提高至30万亿韩元，至少产生一家网络安全行业独角兽企业，并设立1300亿韩元规模的相关基金。科技创新方面，韩国首尔市1月16日推出元宇宙首尔（Metaverse Seoul）项目第一阶段，成为世界上第一个建立元宇宙平台并在公共部门推出服务的主要城市。3月7日，韩国科学技术信息通信部宣布投资设立“Metaverse基金”，致力于推动该国在元宇宙领域的领先发展地位。韩国最大互联网搜索引擎公司Naver于8月24日宣布将推出生成式人工智能服务Cue，与ChatGPT等全球科技企业展开竞争。

二、布局及发展特点

（一）重视数字经济发展，趋向欧美数据安全治理路径

韩国作为制造业强国，推动数字经济与实体经济协同发展是其重要增长点。但这也意味着一项艰巨的挑战：在加强国内数据安全、保障数据主体安全的同时，还要高质高效地利用信息与数据资源，限制对数据本土化措施的使用，允许数据跨境自由流动，更好发展本国数字经济。在数字经济与贸易中，网络安全与数据隐私对保障数据流通、获取和维系个人信任至关重要，是支持数字贸易平稳运行的基本要素。韩国签署的双边自由贸易协定中，除与智利签订的首份协定外，均对数据跨境流动和数据本土化签订了相应条款。在《美韩自由贸易协定》中，韩国不仅对信息自由流动给贸易带来的促进作用加以肯定，还努力避免对跨境电子信息流动施加不必要的壁垒，原则上承诺不对数据定位施加要求。此外，韩国已于2021年6月获得欧盟正式规则认可，某种意义上可视为欧盟将自身数据安全治理规则输出至韩国。

（二）由政府主导发展数字技术创新生态系统

韩国科学技术信息通信部自20世纪80年代以来，在政府承诺支持技术部门和国家信息通信技术基础设施的情况下，始终发挥着“控制塔”的作用。2019年，韩国政府宣布将通过在劳动力培训、基础设施建设和在所有部门推广人工智能技术方面的大量投资，持续增强国家人工智能能力，提供近30亿美元资金进行筹划。目前，韩国已有10所地方大学开设人工智能工程学院，

4所国立大学开设人工智能研究中心。2021年，韩国政府宣布一项4500亿美元的国家投资计划，名为“K-Semiconductor Belt Strategy”，以确保其在未来10年内全球半导体行业的领先地位。该战略包括扩大劳动力、对下一代功率半导体、AI芯片的研发投资和减税措施。人工智能产业是韩国数字产业的另一个核心要素。

三、总结与启示

自2023年以来，韩国在持续建设自身网络力量的同时，着重体现出网络空间防御策略的变化，将网络空间作战能力纳入国家核心能力范畴。随着与美国等盟国的战略合作不断加深，韩国在信息协同、网络防御指挥等领域的制度化合作能力将进一步加强，未来可能着力建设更加统一的网络防御框架。以增强网络安全和数据安全防护能力、不断健全相关领域法治保障为前提，韩国将进一步完善自身网络安全防御体系，不断强化网络空间威胁防范应对和快速处置能力。

1.9　2023年印度网络安全和信息化情况综述

2023年，印度在网络安全和信息化领域取得了显著的进步和发展成就。一方面，印度政府在数据隐私、内容监管、新兴技术安全等多领域出台了一系列法律法规、在多领域设立重点组织机构，不断推进并完善网络安全与信息化关键领域的战略布局；另一方面，印度在半导体、人工智能、数字化发展等领域加大投资力度，加强与其他国家的交流与合作，有效提升其国际影响力。

一、主要政策措施

（一）出台多项战略立法，谋划核心领域未来监管新方向

一是内容安全方面，6月，印度公布了《数字印度法案》草案，该法案将监管人工智能和量子计算等新兴技术，并且完全取代已有23年历史的《信息技术法案》。在人工智能方面，该法案将定义高风险人工智能系统，并对其进行特殊监管。在网络内容方面，赋予政府运营的事实核查服务机构下令下架网络内容的权力，对社交媒体上的假新闻进行遏制。11月，印度推动起草检测

和限制深度伪造内容在媒体上传播的规则，考虑对上传相关内容的个人和发布相关内容的社交媒体平台采取处罚措施，以更好地遏制深度伪造视频的扩散和传播。

二是网络安全方面，6 月，印度政府制定《2023 年国家网络安全参考框架》（NCRF 2023），旨在为电信、电力和能源、银行和金融服务、交通、战略企业和医疗保健等关键部门提供“战略指导”，以解决网络安全问题。该政策框架是印度电子和信息技术部（MeitY）继 2013 年发布首个国家网络安全政策的后续行动。

三是数据安全方面，8 月，印度《2023 年数字个人数据保护法案》（DPDPB）获得印度总统批准成为法律，在确保个人数据的隐私和安全得到充分保护的同时，将放宽谷歌、Meta 和微软等大型科技公司以及寻求国际扩张的本地公司的存储、处理和转移标准。该法案将取代 2000 年《信息技术法》、2008 年《信息技术法（修正案）》和 2011 年《信息技术（合理安全实践和程序以及敏感个人数据或信息）规则》的相关规定，加强了印度对数据领域的监管，使相关数据的合规处理更加规范。

四是信息化发展方面，12 月 24 日，印度《2023 年电信法》获得总统批准正式成为法律，这一具有里程碑意义的法律取代了 1885 年的《印度电报法》、1933 年的《印度无线电报法》和 1950 年的《电报电线法》等一批已不符合时代趋势的旧法，对印度的电信监管框架进行了大刀阔斧的改革，旨在修改和整合有关电信服务的开发、扩大、运营和电信网络频谱分配等方面的法律，为促进印度数字基础设施和服务的发展奠定了新的法律基础。

（二）制定网络信息安全多领域政策，促进信息化和新兴技术高质量发展

一是推动政府数字化转型，进一步提高信息技术的普及度和利用率。8 月，印度内阁批准 1.49 万亿卢比以扩展“数字印度”计划。该计划的实施将包括 3 个主要方面：①开展信息技术普及，提高基础设施建设水平，推进数字化的网络建设和数据传输；②加强数字服务和信息安全，建立数字安全机制，保护公民和企业的数据安全，加强数字安全意识教育和培训；③推进数字经济发展，加强电子商务和在线交易等数字经济领域的发展，提高数字化技术与产业的融合水平。“数字印度”计划的实施，将为印度数字化转型带来全面提升和加速，同时也将为印度政府持续推动政府数字化和服务质量的提高提供新的契机。

二是建立深科技领域统一框架，推动深科技行业生态系统的完善。7月，印度国家联盟审议《国家深科技创业政策草案》（NDTSP），其主要目的是支持人工智能、机器人、量子和物联网等领域的深科技初创公司。印度的深科技愿景包含4个关键支柱：确保印度未来经济的安全；促进向知识驱动型经济的无缝对接；通过自力更生的印度（Atmanirbhar Bharat）强制令增强国力和主权；促进伦理或道德创新。NDTSP建议印度强化其在全球知识产权相关公约组织和议程制定机构中的地位，提升跨境知识产权保护水平，并在自由贸易协定中纳入授权条款，以加大全球市场中对印度知识产权的保护力度。

三是统一电信新许可证类别，促进电信基础设施发展。8月，印度电信监管局（TRAI）建议在统一许可制度中设立新的许可类别——“数字连接基础设施提供商（DCIP）”，旨在促进基础设施共享并降低部署成本，以提高拥挤地区的移动宽带覆盖质量。

（三）设立新机构，完善能力建设，助推数字经济发展迈出新步伐

一是数字经济和数据安全方面。2月，印度成立数字竞争法委员会（CDCL），致力于审查现有的《竞争法》是否具备应对数字经济挑战的能力，并且要在该委员会年底任期结束前向政府提交《数字竞争法》草案。2月，印度设立数据大使馆以实现印度与其他国家的无缝数字传输。数据使馆通过利用云技术解决方案支持的外交协议，创建了一种保护数据的新方法。8月，印度筹备成立数据保护委员会（DPB），同时也在积极制定DPB主任和各成员的选拔标准，制定DPB的运作规则。该委员会将对违反印度《2023年数字个人数据保护法案》和数据泄露的主体拥有强制执行权。此外，立法者可能会考虑赋予数据保护委员会强制删除网站或平台内容并阻止用户访问平台的权力。

二是新技术发展方面。7月，印度电信监管局（TRAI）提议成立一个独立的法定监管机构——印度人工智能和数据管理局（AIDAI），其负责制定与人工智能相关的法规，以确保对印度人工智能应用的监管。7月，印度电子和信息技术部牵头成立Bharat 6G联盟，力争2030年前推出6G网络。该联盟旨在发展印度本土技术，打造电信和半导体制造生态系统，使其成为6G技术的全球领导者。9月，印度电信部（DoT）在电信设备和服务出口促进委员会（TEPC）内成立了8个工作组，旨在使印度成为领先的电信技术出口国、具有全球影响力的电信制造中心。工作组涉及关键重点领域，包括原始设备制造商和系统集成商的合作，电信标准化与测试，无线和卫星设备，有线、光纤网络传输设备，其他电缆，有线接入和企业解决方案，IP 电话，IP EPBX 和传感器，4G、5G、6G 及未来网络的核心和无线网络，电信设备制造的 EMS 和组件生态系统。

（四）持续提升重点领域的自研技术能力和本土化建设水平，制定多项举措健全安全保障体系

一是组建多个网络部门以应对关键部门受到的网络攻击。10 月，印度内政部（MHA）成立“网络突击队”，由来自各邦、中央直辖区和中央警察组织中高技能和装备精良的人员组成，旨在大幅提升印度的网络安全能力，在应对网络威胁、保卫信息技术网络和开展全面网络调查方面发挥关键作用。二是加大资金投入以促进关键领域的基础设施建设。2 月，印度政府发布《2023—2024 年联邦预算》，其中 62.5 亿卢比的拨款用于改善印度的网络安全基础设施。同时，印度政府加大对人工智能领域的投资，包括在顶级教育机构建立 3 个人工智能卓越中心，以实现在印度制造人工智能、让人工智能为印度服务的愿景。4 月，印度政府批准国家量子任务（NQM），计划在 8 年内投资 6003.65 亿卢比，旨在帮助印度在新兴的量子产业竞争中取得优势，力争在量子研究、创新和应用领域以及人才储备等方面处于领先地位，使印度成为量子技术与应用发展的领先国家之一。8 月，印度内阁批准 1490.3 亿卢比以扩展 2015 年推出的“数字印度”（Digital India）倡议，进一步提升数字经济，以支持印度的 IT 和电子生态系统发展。三是加强网络安全演习以发展网络安全攻防能力。2 月，印度启动国家级黑客马拉松“KAVACH 2023”，以寻找应对印度网络安全挑战和网络犯罪的创新想法和技术解决方案。印度还与美国、英国、日本、意大利、爱沙尼亚、乌克兰、加纳、肯尼亚和阿曼等 11 个国家的 34 支队伍共 750 名安全专家参加了西欧最大规模的军事网络战演习 DCM2。10 月，印度国家安全委员会举办“Bharat NCX 2023”网络演习，参加此次演习的 300 多名代表来自政府机构、公共组织和私营部门，力图通过培训课程、实战演习来保护关键信息基础设施安全。四是自研和启用国产化系统以防范基础设施面临的网络威胁。8 月，印度电信部的远程信息技术发展中心（C-DOT）推出其自主开发的网络威胁检测和解决系统“TRINETRA”，以保护印度政府部门的关键数字基础设施免受不断演变的网络威胁，确保敏感数据安全，并对部门和机构的信息技术资产进行安全评估。8 月，印度国防部出于国家安全考虑，用本土操作系统“玛雅”取代微软操作系统，用于印度国防部的数字领域。“玛雅”

操作系统是一个基于Linux的发行版，从流行的Ubuntu操作系统中汲取灵感，提供与Windows相似的用户界面和功能。五是自建聊天机器人以提升生成式人工智能服务能力。2月，印度电子和信息技术部（MeitY）的名为“Bhashini”的团队开发了一个基于ChatGPT的WhatsApp聊天机器人。这款聊天机器人支持超过12种语言，包括英语和印地语等11种语言，并能够回应语音查询。同时，印度政府正在建立一个公共数字平台，该平台将提供260个基于API的开源人工智能模型。六是加快布局6G，推动芯片制造本土化发展。3月，印度公布“印度6G愿景”文件，并推出了6G研发测试平台，该愿景计划将促进各方共同制定印度6G发展蓝图和移动计划，以推动下一代电信技术发展。5月，印度计划重启百亿美元的芯片制造奖励计划，希望通过此举吸引潜在的芯片制造商进入本国，提振本国芯片制造业，成为全球供应链的关键参与者。

二、布局及发展特点

（一）与多国和组织探索合作模式，多领域合作迎来新风暴

一是印度与美国展开多领域合作模式，进一步提升国际影响力。自2023年以来，印度与美国在网络、数据安全、新兴技术等领域进行了合作与对话、成立多个战略联盟，以此提升印度在国际上的话语权。年初，印度和美国启动了“美印关键和新兴技术倡议”（iCET），两国旨在促进关键和新兴技术之间的合作，包括在太空和国防、人工智能、量子通信和半导体等领域，并且还共同开发新的5G和6G网络以及Open RAN技术。随着两国双边关系的不断深入，印度总理对美国进行国事访问后，发表了一份涉及58项内容的联合声明，其中包括在科技领域的合作，两国还签署了《半导体供应链和创新伙伴关系谅解备忘录》。

二是印度与欧盟进一步加强半导体、数字技能等领域的交流与合作。印度和欧盟2023年举行了贸易与技术委员会（TTC）机制下的首次部长级会议，双方就半导体、高性能计算、数字公共基础设施等问题进行了深入讨论，并在TTC框架下签署了一项旨在加强半导体供应链和协助研发合作的措施框架协议。这是印度和欧盟当局继续推动本土芯片产业发展以加强供应链，使自己远离任何目前和未来的供应问题而采取的最新举措。除此之外，印度和欧盟将努力缩小数字技能差距，促进数字人才交流，加强5G、电信和物联网标准化工

作，增强各自数字公共基础设施的互操作性，促进双方在平台、数据治理和电信监管等领域开展合作，加深在相关领域的关键技术交流。

三是美日印澳四国举行网络安全会议，进一步推动区域网络空间安全和基础设施建设。美国、澳大利亚、印度和日本四方高级网络小组发表联合声明表示，要为四国关键基础设施建立共同的网络安全要求，并要开展“四方网络挑战”活动以提高民众意识。同时要在四方网络安全伙伴关系下，在“印太地区”合作开展能力建设活动和信息共享。从长期来看，该小组将致力于利用机器学习和相关先进技术加强网络安全；为计算机应急小组（CERT）和私营部门威胁信息共享建立安全渠道；为关键部门的信息通信技术（ICT）和运营技术（OT）系统创建确保供应链安全和韧性的框架和方法；同时还将与四方关键和新兴技术（CET）工作组合作，确保ORAN和6G技术中融入网络安全设计和最佳实践。

四是印度与东盟开展数字安全合作，进一步发展数字战略合作关系。第三届东盟数字部长会议批准通过了《2023 年印度－东盟数字工作计划》，本次合作提出的六大主题为东南亚及南亚的数字发展明确了思路：立足当下，提出人工智能在网络安全中的应用，以此为数字工作奠定坚实的安全基石；以物联网的 5G技术与未来趋势为重点抓手，纵向推进重点技术实施；提出了分析信息通信技术（ICT）在实施数字健康战略中的作用，将ICT视为数字发展的可持续动力。该计划还提出未来数据传输网络的标准和应用，拟用规范推动数字工作长期发展；提出未来网络的评估与安全保护，旨在防范潜在的数字风险与威胁，营造和谐健康的网络空间。

（二）利用担任G20 轮值主席国的机会，加强国际影响力与话语权

一是大力推广“印度堆栈”（India Stack）。印度利用担任 20 国集团（G20）轮值主席国的机会，邀请国际社会参与其“印度堆栈”技术方案和产业生态。其中包括，印度政府投资扩大实时跨境支付系统覆盖面，将统一支付接口（UPI，快速支付系统）的使用范围扩大到新加坡、英国、澳大利亚、加拿大和美国，以推动未来的区域连接、技术共享，从而助力实现全球网络的互操作性。亚美尼亚、塞拉利昂、苏里南、安提瓜和巴布达 4 个国家也与印度签署了谅解备忘录，将“印度堆栈”带回国内。二是加快推进数字公共基础设施（DPI）建设。印度数字公共基础设施已经得到了快速发展，这些基础设施包括数字身份认证系统（Adhaar）、统一支付接口和数字文档钱包（DigiLocker）

等。DPI不仅改变了印度普惠金融格局，而且还加速推向国际化舞台。在印度担任轮值主席国的G20视频峰会上，印度总理莫迪力推“全球数字公共基础设施库”和“社会影响力基金”两项旨在促进DPI发展的全球性倡议。在经过多轮谈判后，最终在G20框架下促成史上首个关于DPI的全球性共识。

（三）强化中央政府管网治网权力，断网、关闭即时通信应用成为热门治理手段

近年来，印度已经将关闭互联网作为默认的“治安”措施，成为全世界断网次数最频繁的国家。一是遏制虚假信息的传播。当发生政治动荡或宗派间暴力事件时，印度政府通常会以安全之名切断互联网服务以遏制虚假信息传播，帮助政府削弱反对的声音，建构主流话语体系及塑造叙事，但这也给当地居民的生产、生活带来负面影响。二是封禁开源即时通信应用，防范潜在风险。印度政府以国家安全为由禁止了Element、Wickrme、Mediafire、Briar、BChat、Nandbox、Conion、IMO和Zangi等14款即时通信应用，其中包括部分提供开源服务的应用。印度政府认为这些应用被查谟和克什米尔地区的恐怖主义分子用来策划恐怖袭击，由于他们的聊天记录无法被拦截，因此政府关闭其网络连接或禁止有关内容和应用。三是审查社交媒体平台发布的内容，加强监管力度。印度政府对SNS上发布的各种涉及政府、政策的内容进行真实性判断，并根据审查结果予以消除或保留，目前涉及的主流平台包括脸谱网、X平台、谷歌等。

三、总结与启示

印度的网络空间政策与该国的国情密切相关。印度电信管理局的年度报告显示，截至2022年年底，印度整体电信用户总数为11.66亿人，截至2023年1月底，印度互联网用户总数增至8.39亿人，是拥有全球第二大网络用户群的国家。而中国已发展成全球最大的互联网市场，拥有全球最多的网民和移动互联网用户，飞跃式的互联网发展速度和数字化转型进程也伴生了诸多棘手的网络安全问题。为保障数字经济健康发展，我们也应当继续积极优化国家网络安全体制机制，完善顶层网络安全战略法规，联合相关政府机构、行业组织及网络安全产业生态力量，推动并加强网络安全产业发展，以应对网络空间的新兴威胁，服务于网络强国建设的需要。

1.10　2023 年东盟网络安全和信息化情况综述

2023 年，东盟网络安全和信息化治理机遇与挑战并存。面对日益严峻的网络安全威胁，东盟依托成立区域网络防御和信息共享新机构、加强国际联动应对网络空间多方攻击等，提升区域网络空间治理能力；推进《东盟数字经济框架协议》（DEFA）谈判，加快区域数字化转型进程；借力国际合作加强数据治理规则探索，力求参与形成全球共识。作为全球数字经济发展最快的地区之一，东盟不仅对区域网络空间治理具有重要影响，也在全球网络安全议题中发挥着越来越重要的作用。

一、主要政策措施

（一）提升网络空间治理能力，积极应对网络安全风险

一是成立区域网络防御和信息共享新机构。2023 年 7 月，为了加强网络安全区域合作，东盟成员国在新加坡樟宜海军基地设立了网络安全和信息卓越中心（ACICE），旨在加强国家网络防御，应对各种挑战，特别是面对不同成员国能力差距和困难的区域政治动态，使成员国能够通过信息共享和政策协调来增强网络防御能力。ACICE 是对东盟网络防御网络（ACDN）和东盟防长扩大会议（ADMM-Plus）网络安全专家工作组的补充，计划与东盟武装部队合作，通过培训计划和其他能力建设措施提高网络安全态势感知能力。

二是加强国际联动应对网络攻击。一方面，持续加强网络安全防御演习，2023 年 10 月 18 日，东盟各国和中国、印度、韩国、日本、澳大利亚 5 个对话国的信息安全专家团队参加了以“应对出于政治动机的多方位网络攻击”为主题的 2023 年东盟计算机应急响应小组事故演习，加强地区和世界各国在保护网络信息安全和应对网络攻击方面的合作和经验分享，更新并提高对网络攻击新兴趋势的认识。另一方面，积极开展国际网络政策对话，2023 年 2 月和 10 月，分别举行第三届和第四届东盟－美国网络政策对话。对话讨论了加强网络能力建设的区域合作，包括通过各种倡议和计划提高保护关键基础设施、打击网络犯罪的能力。

三是内部合作聚焦防范打击网络诈骗。在东盟国家内部，网络诈骗活动猖獗引起的担忧越来越多。5月，在为期三天的第42届东盟峰会上，东盟领导人同意合作打击网络诈骗。根据相关草案，东盟将加强边境管制和执法，并改善公众教育，以打击将工人贩运到其他国家、被迫参与网络欺诈的犯罪集团。

（二）加强数据治理规则探索，兼顾数据安全保护与数据自由流动

一是从联盟整体来看，探索加强数据跨境流动合作的路径。2023年5月，日本首相在东京《日经新闻》主办的亚洲未来论坛上公布称，东盟和日本打算建立一个促进数据跨境自由流动、帮助企业分析区域内市场的研究中心，由日本投资的东盟与东亚经济研究所（ERIA）建立，2023年8月底在雅加达开始运营。5月，在欧盟就Meta的跨大西洋数据传输案件中做出创纪录高额罚款后的第二天，欧盟和东盟在布鲁塞尔的“计算机、隐私和数据保护”（CPDP）会议上联合发布了《东盟示范合同条款和欧盟标准合同条款的联合指南》，指南将东盟示范合同条款（东盟MCC）和欧盟标准合同条款（欧盟SCC）的适用范围和结构进行了比较分析。接下来，东盟还将与欧盟合作收集符合MCC和SCC要求的企业实践，出版一个最佳实践的指南，进而进一步实现东盟MCC和欧盟SCC的对接运作。

二是从联盟各国来看，进一步强化数据安全与隐私保护。越南《个人数据保护法》（PDPD）于2023年7月1日正式生效，这是一项里程碑式的法律文书，整合了越南所有不同的数据保护立法。与其他数据保护法相比，PDPD对参与数据处理的行为主体的角色划分略显不同，但总体上并未脱离欧盟《通用数据保护条例》（GDPR）设定的概念和结构。泰国个人数据保护委员会（PDPC）在2023年12月25日公告了两项通知，分别为《泰国个人数据保护法案》（PDPA）第28条和第29条的实施细则，旨在规制跨境个人数据传输，确保民众相关权利不受侵犯，通知于2024年3月24日生效。

（三）加强社交媒体管控，强化虚假信息治理力度

一是从联盟整体来看，出台政府处置虚假信息管理准则。9月，第16届东盟信息部长会议（AMRI）及相关会议批准了《打击媒体假新闻和虚假信息的政府信息管理准则》，指导政府如何应对媒体或社交媒体平台上传播的虚假或误导性信息。AMRI还敦促2019年成立的东盟假新闻工作组（TFFN）跟上数字发展的步伐，提升网络素养，提高监测和响应的效率。

二是从联盟各国来看，通过立法加强网络内容管理。2023年新加坡国会通过《网络犯罪危害法案》，旨在通过立法加强网络内容管理，为民众打造更安全的网络空间。新法案主要针对危害国家安全、非法赌博及放贷、诈骗、煽动暴力、破坏民族和谐和影响个人安全等网络犯罪活动。此外，新加坡政府制定的互联网行为安全准则也正式生效，具体措施主要包括：安装过滤器以限制青少年通过社交媒体接触到不良内容；确保用户能更方便地举报有害内容；社交媒体应在数小时内禁止不良内容传播等。不遵守规定的社交媒体平台将被处以最高100万新加坡元的罚款。2023年12月，马来西亚通信与多媒体委员会计划制定一个框架，要求所有社交媒体平台提供商进行注册，以便其进行监管。2024年4月8日，马来西亚通信部部长透露，当天通信部、通信与多媒体委员会等数个政府机构与Meta及TikTok等社交平台代表进行了会议，商讨网络安全相关议题，达成了多项重要协议，包括保护13岁以下儿童网络安全，监控网络赌博、诈骗、虚假信息，以及涉及侮辱宗教、种族及王室的敏感内容。

（四）聚焦新技术新应用发展，推动数字化转型进程

一是聚焦人工智能发展，为AI设置“护栏”。东盟国家积极推动人工智能政策和法规的制定，提升该区域的竞争力与创新能力，同时为该技术设置“护栏”。东盟10个成员国的部长在2023年2月同意有必要制定一份东盟“AI指南”。2024年2月2日，东盟发布《人工智能治理与道德指南》，旨在授权东盟的组织和政府负责任地设计、开发和部署人工智能系统，并增加用户对人工智能的信任。此外，欧盟及其成员国已派人员与新加坡、菲律宾等部分东盟国家，就人工智能使用管理问题进行会谈，试图引导全球以欧盟所拟议的《人工智能法案》为基准，对方兴未艾的人工智能技术加以限制。

二是加快数字化进程，取得丰硕成果。东盟将数字化转型列为重点议程，在电子商务、无纸化贸易、数字支付、网络安全等领域取得成果：《斯里巴加湾数字化转型路线图》实施取得显著进展；加快推进《东盟数字经济框架协议》研究与谈判，目标是2023年内完成框架，2025年前完成协定的实质性模块；制定《促进数字初创企业生态系统增长框架》，成员国可据此制定基于实践的各国政策，促进数字初创企业生态系统的发展；支付系统领域，目前柬埔寨、印尼、马来西亚、新加坡、泰国和越南之间已建立6个二维码支付链接，将促进区域支付联通并简化零售支付；加速拓展东盟海关申报文件（ACDD）系统，促进成员国之间出口申报信息的交换，目前已有八国加入ACDD实时操作平台，其余两国将在年内全面采用。

二、布局及发展特点

（一）从挑战方面看

一是从长远发展来看，东盟网络空间治理能力存在发展不均衡不充分的现象。各国经济发展水平差异大，网络安全技术和数字化发展程度不同，网络空间发展规划与侧重存在比较显著的差异，难以采取一致行动进行网络空间治理，这在一定程度上使网络空间治理呈现分散化、碎片化的特征。2023年东盟整体推出的网络安全、信息化举措还相对局限，缺少多元化和协同性的有益探索；但部分成员国，如新加坡等，在网络空间治理方面比较积极活跃，制定的相关网络安全与信息化政策在全球具有一定的领先和示范意义。基于此，确保数字生态系统的安全和弹性以及网络空间持续安全稳定，需要东盟各国加快制定符合自身发展实际的网络安全战略，并加强联盟协同治理，有效弥补“网络安全治理鸿沟”。

二是横向对比来看，数据跨境流动等国际规则制定还处于初级阶段。东盟2023年一方面和日本着手建立一个促进数据跨境自由流动的研究中心，开展跨境数据流动的有益探索研究；另一方面与欧盟合作发布《东盟示范合同条款和欧盟标准合同条款的联合指南》，被认为是欧盟和太平洋地区为数据跨境传输释放的积极信号。但对比其他国家和区域组织的跨境数据传输行动，东盟整体动作还略显单薄、进展不足。此外，虽然东盟成员国越来越多地表达了对一体化数字经济的承诺，但每个成员国采取的方法却不尽相同：拥有自由数据制度的成员进一步放宽了数据流，而其他成员则开始收紧跨境数据流。采用“东盟跨境数据管理框架”的努力仍处于初级阶段，只有少数国家建立了促进数据跨境流动的系统以促进创新和经济增长，制定统一的数据跨境流动标准任重道远。

（二）从机遇方面看

一是重视国际合作与交流，网络安全防御能力取得较大提升。鉴于重要的经济和地缘政治属性，东盟作为“印太地区”重要的地区组织，其地位在中美竞争的大背景下不断凸显，也因此东盟在网络安全与信息化发展中存在巨大的国际合作空间和机遇。2023 年，通过双/多边平台和对话机制，东盟加快与我国以及美国、日本、澳大利亚、印度、韩国等国开展网络安全合作。如通过东盟搭建的网络安全演练平台，相关国家共同举行网络防御演习，为提升区域网络安全协同应对能力提供保障。东盟基于与美国发起的数字互联互通和网络伙伴计划（DCCP），2023 年内连续开展两次东盟－美国网络政策对话等。可以预见，未来东盟将继续抓住机遇，不断完善网络空间政策和治理体系，推进网络安全国际规范和标准制定，在网络战略、技术和能力建设等领域开展国际合作，不断提升网络安全防御能力。

二是重视数字化转型，聚焦布局未来新技术发展和治理。2023 年，东盟将新技术发展和数字化转型列为重点议程，在新技术发展方面出谋划策，寻求协同力量，在数字经济方面投入资源。特别是在人工智能监管方面，与欧盟的《人工智能法案》相比，东盟的“AI 指南”要求企业考虑到各国的文化差异，并且不规定不可接受的风险类别。分析认为，“东盟相对放手的做法对商业更加友好，在当地已经很复杂的现有地方法律体系下，其减轻了企业的合规负担，同时也为更多的创新提供了空间”。日本和韩国等其他亚洲国家也对人工智能监管采取了类似的宽松态度，印度政府此前也表示不打算监管人工智能的发展，认为该行业对该国来说是一个“重要和战略性”的领域。这让人们对欧盟以适用于其 27 个成员国的规则来建立全球人工智能治理标准的雄心产生了怀疑，也可见东盟在未来新技术人工智能监管领域的参与对形成全球共识方面仍有发挥作用的空间。

三、总结与启示

2023 年是中国－东盟命运共同体倡议提出十周年，中国与东盟进一步凝聚合作共识，包括在网络空间的合作。当前，网络空间国际合作治理方式不断拓展，既包括网络空间规范构建和网络治理机构设立，也包括针对网络安全问题的联合行动，以及举办针对网络空间治理特定议题的对话平台与互动论坛等。未来中国与东盟可以进一步优化网络安全治理理念，丰富现有网络合作框架，不断创新合作治理方式，主要从共同强化网络空间安全治理、共同提升网络安全技术水平、共同加强网络安全人才培养以及共同促进数字经济发展 4 个方面努力，提供更优质的网络公共产品和公共服务，寻求全球范围内更多的理解和支持。

1.11 2023年澳大利亚及新西兰网络安全和信息化情况综述

澳大利亚与新西兰同为大洋洲国家，在政策制定过程、利益出发点等方面存在着天然的趋同性，均致力于发展和巩固美国主导下的网络安全国际合作。2023年，两国在重视传统安全的同时，以应对自身面临的网络威胁为出发点，不断加大网络安全领域投入，持续强化网络安全体系建设，通过制定网络安全战略部署、完善国内法律和行政体系、增强对外合作等方式提升网络空间风险应对能力。

一、主要政策措施

（一）有关强化国家网络安全防御能力的战略部署

2023年5月，澳大利亚网络和基础设施安全中心（CISC）发布《关键基础设施资产类别定义指南》，适用于所有相关的基础设施行业。同在5月，澳大利亚工业、科学和资源部发布《国家利益关键技术清单》和《关键技术声明》，确定了影响澳大利亚国家利益的七大关键技术领域，涉及量子技术、自主系统和机器人技术、人工智能等。12月，澳大利亚政府发布《2023—2030年网络安全战略》，号召开创澳大利亚网络合作新时代，到2030年成为“网络安全领域的世界领导者”，构建更强大的网络防御体系，使公民生活有序、企业经营繁荣，在遭受网络攻击时能够及时应对。7月，新西兰政府计划通过设立一个牵头机构以加强网络防御，以便公众和企业在遭受网络攻击期间寻求帮助。新西兰计算机应急响应小组将被纳入国家网络安全中心，改善新西兰政府对网络事件的响应。

（二）重视数字身份管理与隐私数据保护

数字身份管理方面，2023年7月，澳大利亚政府发布《国家身份弹性战略》，重点关注建设安全的数字识别系统，强调基于相关主体同意的生物识别技术并促进信任，改善数字身份管理以确保数字经济增长。同年，新西兰《数字身份服务信托框架法案》通过终审，允许在该国运营的技术提供商获得认证，并获得证明其安全性和合规性的信任标志。数据保护方面，8月，澳大利亚信息专员办公室（OAIC）联合英国信息专员办公室（ICO）等 11 家国际数据保护机构发布数据抓取联合声明，呼吁共同监管滥用数据抓取导致的数据流向恶意第三方和情报机构，以此实现非法牟利或情报收集的情况。6 月，新西兰商业、创新和就业部（MBIE）以数据和隐私风险为由禁止员工使用人工智能技术，以避免敏感信息泄露。

（三）加强卫星互联网相关领域技术合作

2023 年 5 月，澳大利亚、新西兰与国际海事卫星组织（Inmarsat）签署价值 1.874 亿美元的合同，将通过 3 颗新的 I-8 通信卫星提供南太平洋增强定位网络（SouthPAN）卫星服务。SouthPAN 是澳大利亚和新西兰政府提出的一项联合计划，用于为澳大利亚和新西兰提供首个基于卫星的增强系统（SBAS），将于 2027 年实现为海事、农业和建筑等行业用户提供准确、可靠且即时的定位服务的目标，定位精度能够达到 10 厘米水平。此外，新西兰电信公司 One NZ 在 4 月宣布与 SpaceX 公司签署合作协议，计划 2024 年下半年为新西兰提供全域覆盖的通信网络。新西兰航空公司计划于 2024 年年底在两架客机上率先引入“星链”服务，试用 4 ～ 6 个月，之后在其他国内航班中正式推出高速、低延迟、免费的卫星互联网服务。

（四）参与“五眼联盟”国家网络安全提升行动

2023 年 1 月，美国、加拿大、英国、澳大利亚举行“猩红龙绿洲”网络演习。该演习由美国主导，专注于数据分析和数据素养提升，重视改善与盟友和伙伴的关系。3 月，美国太空训练与战备司令部举行“施里弗（Wargame）2023”计算机模拟兵棋推演，澳大利亚、加拿大、法国、德国、日本、新西兰、英国均为参与方。4 月，美国国家安全局、网络安全和基础设施安全局、联邦调查局与多国网络安全机构形成“联合小组”，鼓励技术制造商开发符合设计安全和默认安全要求的产品，确保技术产品的构建和配置方式能够防止恶意网络行为者访问设备、数据或连接基础设施，相关国家网络安全机构中包括澳大利亚网络安全中心（ACSC）、新西兰国家网络安全中心（NCSC-NZ）以及新西兰计算机应急响应小组。8 月，美国、澳大利亚、加拿大、新西兰、英国网络安全机构共同发布联合网络安全咨询，提供了有关 2022 年恶意网络攻击者利用的常见漏洞等信息；美国网络司令部举行“网络旗帜 23-2”军事演习，增强美国及其盟友网络部队整体战备状态和作战能力，澳大利亚、新西兰均为参与方。

二、布局及发展特点

（一）多领域并重的网络空间战略顶层设计

澳大利亚与新西兰政府无论在机构设置和法律框架上，还是在应对网络威胁的投入、措施上，都较为全面，即通过全方位的立体政策指引，在顶层设计维度为本国网络安全、信息化和全球治理提出总体方案。以澳大利亚为例，其《2023—2030年网络安全战略》涉及“六层护盾”，包括“强大的企业与公民”“安全技术”“世界一流的威胁阻断和情报共享”“受保护的关键基础设施”“主权能力”以及“地区复原力和全球领导力”。新西兰在具体政策及立法过程中，也全面覆盖在网信领域的各层次布局和各领域举措，包含面广、指引性强。两国已经为实现相关目标设定了多个阶段的工作任务，包括：解决网络防护中的关键漏洞，支持在整个地区提高网络成熟度；进一步投资更广泛的网络生态系统，扩大网络产业规模并培养多样化网络人才；引领新兴网络技术以适应全球网络空间中的新风险和新机遇，通过长远规划为数字发展提供稳定预期。

（二）在新兴技术监管方面强调政企责任

随着人工智能等新兴技术快速发展，澳大利亚及新西兰不断对个人信息及隐私保护规范进行调整完善。澳大利亚政府发布的官方文件均明确提出，企业等机构有责任保护其网络和基础设施不受未经授权的干扰或访问，强调企业有维护网络安全的义务。澳大利亚信息专员办公室（OAIC）联合其他11家国际数据保护机构发布的数据抓取联合声明，就网络平台如何实现数据抓取合规提出相应建议，并包含了相关法律的强制性规定。新西兰《数字身份服务信托框架法案》为数字身份的合法应用打下基础，立法确认2025年后对跨国大型公司征收数字服务税，发布《生成式人工智能指南》，要求人工智能企业遵守《隐私法》，一系列举措均明确指导企业和相关组织以更加人性化和合规的方式，参与和共建网信领域新兴生态。

（三）重视网络空间国际合作的资源共建共享作用

澳大利亚在打造国内网络安全体系的同时，高度重视外部网络环境安全的塑造和维护，将安全稳定的外部网络空间视为保障自身网络安全的重要前提，突出表现在与盟国之间的合作方面。澳大利亚及新西兰两国的网络安全和信息化布局，往往落脚于国际合作或产业合作。例如，在“五眼联盟”中扮演更积极的角色以获得共同应对网络威胁的能力，实现集体预警、分析、干预网络威胁，获取外部支持；通过国际产业互动扩展信息通信产业，在卫星互联网等领域形成产业发展基础；与西方国家共同探讨、共同开展网信领域合作交流，如联合发布网络安全咨询报告、制定人工智能治理规则、联合制定与发布行业最佳实践和新技术指南等，推动对外网络安全合作迈向更高层次。

三、总结与启示

澳大利亚及新西兰从自身地缘特点出发，抓住美国主导下重构多边安全机制的契机，在网络安全体系建设方面呈现出传统与新兴领域安全并重、国内建设与国际合作并重、政府职责与企业等主体责任并重的总体特征。近年来，面对全球网络空间形势变化，两国持续提升政策应对的精准性和灵活性，同时开始谋求加强互联网治理领域的国际存在感和利益空间，进一步融入全球网络安全生态，增进国际互信。

第 2 章

全球网络安全和信息化动态月度综述

2.1 2023年1月全球网络安全和信息化动态综述

全球主要国家、国际组织在开年之际积极谋划新一年网信领域规划和数字经济发展，研判新一年网络信息安全形势，在规则体系、组织体系、国际合作等方面开展网络安全布局。面对以勒索软件为代表的传统威胁和新型网络攻击交织，人工智能（AI）应用ChatGPT“加持”网络犯罪新形态初现，各国积极防范并筑牢网络安全屏障，加强网络安全人才培养。同时，为确保数字市场的有序规范，在数据及隐私保护、内容安全、市场反垄断等方面主动发力，压实平台责任。各国持续强化人工智能、卫星通信等新技术新产业应用和规则主导权。

一、勒索软件等威胁热浪难退，AI科技发展风险加剧

随着国际环境愈加复杂，数字化转型不断深入，2023年，网络安全面临的形势更加严峻，AI技术带来的新场景、新威胁势必将驱动新数字化布局。一是多机构发布网络安全风险预测预警。1月6日，网络安全公司梭子鱼预测2023年网络威胁包括勒索软件、零日漏洞、供应链攻击和凭证盗窃等，警告称新一代规模更小、更聪明的勒索软件团伙很可能在2023年占据风头；1月21日，云计算和电子邮件安全企业Avanan发现一种名为“空白图像”（Blank Image）的新型网络攻击在全球蔓延。黑客将恶意URL隐藏在空白图像中以绕过传统的扫描服务，大多数安全服务目前无法抵御这种攻击；1月28日，微软发布《数字防御报告》称，预计2023年针对密码和云漏洞的攻击将会增加，勒索软件和欺诈邮件仍将是一个主要问题。二是ChatGPT相关安全风险引发关注。1月3日，以色列Check Point安全公司研究显示，ChatGPT可生成恶意电子邮件和代码，这意味着AI技术有可能显著改变网络威胁形势；1月13日，Check Point发现俄罗斯网络犯罪分子试图绕过美国OpenAI公司的限制，将

ChatGPT 用于恶意目的；1 月 18 日，网络安全公司 CyberArk 的技术报告显示，使用 ChatGPT 创建的恶意软件可以轻而易举地逃避安全产品的审查。

二、加强网络安全体系建设，提升网络安全能力

2023 年 1 月，各国持续强化网络安全规则和组织体系建设，并通过国际合作提升政府网络安全保障能力。一是构建网络安全顶层设计。欧盟《网络和信息系统安全指令》（NIS2 指令）于 1 月 16 日生效，要求欧盟成员国必须在 2024 年 10 月 17 日之前通过并公布遵守该指令的必要条款。二是推动网络安全组织体系建设。美国众议院两党议员 1 月 11 日提出《国家数字后备军法案》，呼吁建立一个民间组织以解决全国网络人才短缺的问题，加强国家网络安全防御；美国众议院监督和问责委员会 1 月 24 日拟成立一个新的小组委员会，专注于信息技术、网络安全和采购；印度内政部（MHA）计划在警察部队中创建“特别突击队”，并将其派往全国每个地区，应对政府机构和国家关键基础设施面临的新的网络威胁。三是筑牢网络安全防火墙。美国国土安全部（DHS）1 月 6 日启动新项目，寻求建立下一代分析生态系统，以应对不断演变的网络威胁，保护基础设施免受网络攻击；美国国防部 1 月 16 日发起“黑掉五角大楼 3.0”计划，开展漏洞发现、协调和披露活动，并评估当前政府设施的网络安全状况，同时提供改善和加强整体安全态势的建议；美国国务院 1 月 26 日悬赏 1000 万美元缉拿根据外国政府指示或在外国政府控制下参与的针对美国关键基础设施的恶意网络活动的人员；英国国家网络安全中心 1 月 10 日启动“资助网络基础计划”，为“高风险”行业的小型慈善机构提供免费网络支持。四是加强网络空间国际合作。1 月 9 日至 20 日，联合国为其拟议的首个全球网络犯罪公约举行第四轮听证会，重点讨论国家应对网络犯罪的措施和协调情报共享，旨在对网络犯罪行为进行法律界定，并制定统一的国际对策；欧盟和北约 1 月 10 日签署《欧盟 - 北约合作联合宣言》，就双方如何应对安全威胁提出共同愿景，将进一步在增强关键基础设施弹性和保护、新兴和颠覆性技术、外国操纵和干涉信息等方面加强合作。

三、强化数据及隐私保护，构建合法合规的竞争环境

1 月，政府机构和国际组织在对数据和个人隐私安全形势进行研判的基础上，继续完善和探索相关监管和合作。一是分析相关安全形势，研判主要风

险。世界经济论坛（WEF）1月11日发布《2023年全球风险报告》称，政府和私营公司对大数据的精准分析将使人们面临个人信息被滥用等更大的隐私风险；1月5日，美国国防卫生局（DHA）与其他联邦部门讨论了该机构2023年在平衡保护个人健康数据与合法用户的无缝访问之间面临的挑战；国际隐私专业人士协会（IAPP）1月5日发布2023年美国隐私立法相关报告，预测美国隐私领域立法工作可能会集中在儿童隐私等高风险领域，并将扩大到算法公平和人工智能道德等领域。二是完善数据与隐私安全制度，压实平台责任。1月11日，美国总统拜登呼吁立法限制科技公司使用、收集和分享个人数据的方式，以保护用户隐私；美国联邦通信委员会（FCC）1月6日投票通过就数据泄露报告规则进行修订的意见，要求电信运营商在“确定泄露事件后不迟于7个工作日”向美国特勤局和联邦调查局报告；1月1日，美国《加州隐私权法案》（CPRA）生效，赋予消费者知情权、删除权或选择不出售其个人信息的权利，允许消费者和员工要求企业披露、删除或更正收集的个人信息。三是进行数据跨境对话，探索数据合作制度。1月12日，美国和英国举行美英技术与数据全面对话首届会议，提出合作促进全球可信数据流动，最终确定2023年实施美国-英国数据流的数据桥；1月11日，美国与日本就日本2023年担任G7主席国期间的数字议程展开磋商，并讨论落实日本提出的“基于信任的数据自由流动体系”（DFFT）概念的提案；欧盟理事会主席国瑞典1月25日发布拟议的《数据法》新文本，寻求成员国就最关键的未决问题提供反馈，旨在建立通用规则规范互联网产品或相关服务的数据共享行为。

四、对超大平台执法不断，内容监管和反垄断并举

2023年1月，各国继续强化数字平台在内容安全和市场经营方面的责任与规范。一是制定战略立法，重视平台内容安全监管。乌克兰总统泽连斯基2022年12月29日签署《媒体法》，将赋予乌克兰国家电视和广播委员会更广泛的权力，包括可以关闭未注册的新闻网站等；澳大利亚政府1月20日宣布将制定立法，赋予通信和媒体管理局（ACMA）权限对大型数字平台进行监管和强制性行业约束。二是开展反垄断执法，打击平台不公平竞争行为。1月24日，美国司法部联合纽约州、加利福尼亚州等八州共同对谷歌公司发起反垄断诉讼，指控其非法垄断数字广告市场，呼吁将其拆分；1月28日，由于苹果公司强制在软件中绑定苹果支付系统，俄罗斯联邦反垄断局对其处以12亿

卢布的罚款。三是施压超大互联网平台，强化政府主导地位。1月16日，美国脸谱网关闭该平台上最大的俄语媒体页面“今日俄罗斯”，用户无法访问该页面，搜索结果中也无法显示；X平台CEO马斯克1月4日透露，在美国政府的压力下，X平台暂停了近25万个账号，包括与记者有关的账号、质疑新型冠状病毒起源的账号等。

五、扩展新技术应用场景，同时注重技术监管规范

1月，美、俄、欧等国家和地区推动量子技术、元宇宙等新兴技术应用场景扩大，同时对人工智能、数字经济发展划定政策规范。一是加大对新兴技术的资金投入。欧盟已拨出1900万欧元的特定拨款协议（SGA）资金，用于升级现有的欧洲微纳米和量子技术基础设施，其目的是巩固欧洲量子技术的全球前沿地位；1月5日，英国政府拨款2.5亿英镑用于支持开放网络研发基金，发展国际公认的英国电信生态系统，将英国定位为开放网络技术研究的全球领先市场和焦点；韩国政府投资20亿韩元完成“元宇宙首尔”项目的第一阶段，允许首尔居民在虚拟环境中获得经济、教育、税务、行政和通信等城市服务。二是人工智能技术发展与规范并进。1月4日，美国技术和工业咨询委员会（ACT-IAC）发布白皮书，称联邦机构应采取措施解决使用人工智能技术方面的问责问题；美国国家标准与技术研究院（NIST）1月26日发布《人工智能风险管理框架1.0》，建立、协调和支持AI风险管理工作；俄罗斯副总理德米特里·切尔尼申科办公室1月16日宣布，俄罗斯政、商两界合作实施高科技领域路线图，推动俄罗斯AI技术市场规模到2030年达到200亿卢布以上。三是不断推进数字化发展进程。美国1月25日确认担任自由在线联盟（FOC）的主席国，重申了保护网络公民自由、打击监控和审查等数字威权主义，加强数字包容，以及推进有关人工智能的规范和保障措施等工作重点；欧盟委员会1月9日宣布启动“2030年数字十年目标”的第一个合作进程和监测周期，将继续制定其数字政策，进一步推进欧盟的互联互通、计算和数据基础设施、在线提供公共服务和管理等；印度宣布将利用担任G20集团轮值主席国的机会，邀请国际社会参与其数字创新的全球项目，分享交流科技生态不同领域的创新解决方案和最佳实践。

六、相关启示

在新年开局制定一年工作重点和计划，已经成为各国网信领域规划的基本

操作，不仅涉及新一年的数字经济发展规划、担任国际组织领头人的重点工作目标等，也在人工智能、数字经济等领域积极布局；不仅重视发展应用，也重视规则体系建设，意图在新兴技术方面实现“规范前置”，引领国际规则主导。生成式人工智能风靡全球，在国内外掀起热潮，相关领域技术应用既为推动高新产业及数字经济健康发展带来新机遇，也带来一系列潜在风险和监管隐患，成为全球网信领域高技术竞争的焦点议题。

2.2　2023 年 2 月全球网络安全和信息化动态综述

各国针对网络劳动力不足、关键基础设施面临复杂威胁等情况，持续优化网络安全顶层设计，不断加强网络安全合作，堵塞网络安全漏洞。ChatGPT 引发生成式人工智能热潮，敲响网络信息安全新风险的警钟。同时，多国加强对超大平台的监管力度，强化数据隐私保护，压实平台责任。在量子技术、人工智能等新兴领域，各国不断加大投入，力图掌握新兴科技主导权。

一、ChatGPT 引发生成式人工智能热潮

随着智能对话机器人模型 ChatGPT 上线，其凭借连续的对话能力、强大的理解能力和回答的准确程度迅速掀起热潮，上线短短两个月时间内用户数突破 1 亿，推动了新的技术竞争，同时拉响了网络信息安全风险的新警报。一是多家企业推出类似 ChatGPT 的新应用。2 月 2 日，中国百度公司宣布计划在 3 月推出与 OpenAI 的 ChatGPT 类似的人工智能聊天机器人服务，最初版本将嵌入其搜索服务中；2 月 6 日，谷歌推出基于对话应用语言模型 LaMDA 的 Bard 人工智能聊天机器人，与日益流行的 ChatGPT 展开竞争，并快速广泛地向公众开放；2 月 7 日，微软推出由 ChatGPT 支持的最新版本人工智能搜索引擎 Bing 和 Edge 浏览器，旨在从谷歌占据主导地位的搜索引擎市场中获取更多份额。二是业内关注 ChatGPT 可能带来新的网络信息安全风险。2 月 1 日，英国网络安全网站“Infosecurity”分析称，ChatGPT 已经与网络威胁关联并将带来五方面网络威胁，包括大规模信息欺诈、虚假内容创建、伪造和仿冒、自动部署网络攻击和制造垃圾邮件；2 月 8 日，澳大利亚“MIRAGE”网站分析称，ChatGPT 存在潜在数据安全隐患，ChatGPT 从互联网上抓取的约 3000 亿

条数据中包括未经同意获得的个人信息，ChatGPT 训练抓取的数据可能是专有的或受版权保护的，ChatGPT 还收集用户的 IP 地址、浏览器类型和设置，以及用户与网站互动的敏感数据。三是多国政府计划加强人工智能监管。美国马萨诸塞州参议员巴里·费恩戈尔德期盼州总检察长关注 ChatGPT 的影响，要求在生成式人工智能输出上加水印，减少学生作弊风险；2 月 22 日，英国计划根据议会目前正在审议的《在线安全法案》，对人工智能聊天机器人进行监管，将对人工智能聊天机器人生成的搜索结果以及它们发布到社交媒体上的内容进行监管；欧洲多国隐私监管机构加大对企业使用人工智能的审查，聘请专家并设立新部门打击数据违规行为。如法国隐私监管机构 1 月表示，正在成立一个由 5 名职员组成的人工智能部门，以调查该技术可能被滥用的情况；荷兰数据保护监管机构 1 月成立了一个新的算法监管部门，将与其他政府监管机构一起开展执法调查。

二、持续优化关键基础设施保护，堵塞网络安全漏洞

一是优化网络安全顶层防护能力。2 月 6 日，欧盟网络安全局（ENISA）发布《制定国家漏洞计划》报告，探讨在欧盟制定统一的国家漏洞计划和举措；美国联邦通信委员会（FCC）发布保障通信供应链安全的最终规则，以进一步保护国家通信网络和供应链免受不可接受风险的影响；2 月 22 日，美国国家安全电信咨询委员会发布指南，要求制定统一的通信行业网络安全标准；2 月 24 日，美国国家标准与技术研究院（NIST）发布网络安全框架 2.0 蓝图，对网络安全框架（CSF）进行有史以来规模最大的改革，对“网络安全风险治理”5 项原则等 7 个方面作出修正。二是持续加强网络安全基础设施保护。2 月 7 日，美国政府问责局（GAO）发布《网络安全高危系列报告：保护联邦系统和信息的挑战》，列出联邦政府需要紧急解决的主要网络安全风险，呼吁联邦机构、地方政府在基础设施保护方面做出更多更好的努力；2 月 22 日，澳大利亚政府发布《关键基础设施弹性战略》及其配套实施计划《关键基础设施弹性计划》，以保护关键基础设施免受网络攻击；印度政府发布《2023—2024 年联邦预算》，拟拨款 62.5 亿卢比用于改善国家网络安全基础设施。三是加大网络安全人才培养和招募。2 月 9 日消息，美国国防部即将发布的网络劳动力战略包括识别、招聘、发展和保留 4 个主要支柱，应对当前培训、保留和招聘的挑战，解决文职人员在网络安全方面训练不足等问题；2 月 16 日，美

国司法部宣布成立“颠覆科技打击部队”，聚集世界领先的网络安全专家打击国家行为者和其他外国实体日益增长的网络安全威胁；澳大利亚启动对高级网络安全技术专家招募的计划，旨在收集国外情报、提高澳大利亚网络防御和进攻能力。四是持续强化网络空间安全多边合作。美日印澳四国集团（QUAD）提出将在分享威胁信息、识别和评估数字产品及服务供应链中的潜在风险等方面加强网络安全合作；G20 第一届数字经济工作组（DEWG）召开会议，同意共同努力发起打击网络犯罪的联合行动。

三、数据与隐私保护取得新突破，数据跨境传输取得新进展

2 月，多国政府在持续加强数据隐私保护能力的同时，在数据跨境传输方面取得新的进展。一是多国政府和国际组织持续加强数据保护制度建设。2 月 6 日，美国得克萨斯州众议员提交州隐私法草案使该州成为继加利福尼亚州等地区之后第六个颁布重大隐私立法的州；2 月 9 日，欧洲议会工业、研究和能源委员会通过欧盟《数据法案》，规定了在智能设备、机械和消费品中产生的欧盟消费者和企业数据的使用权利和义务；2 月 10 日，沙特数据和人工智能管理局（SDAIA）推出数据和隐私监管沙盒，提供有关数据的指导、咨询和专业知识，同时保护消费者的个人数据权利；2 月 23 日，国际组织连接标准联盟（CSA）宣布成立数据隐私工作组，负责制定一份全球性的“联盟数据隐私规范”。二是优化数据跨境传输规则，保障跨境数据安全。2 月 20 日，欧盟发布《进一步明确和执行〈通用数据保护条例〉（GDPR）程序规则》倡议，为欧盟国家数据保护机构进行跨境调查侵权行为制定明确的程序规则；2 月 1 日，印度宣布将设立数据大使馆，利用云技术解决方案支持外交协议，创建一种保护数据的新方法，促进印度与其他国家的无缝数字传输和连续性；日本拟推动 G7 成立新组织，通过建立数据库列出每个国家的数据监管规则，为数据跨境传输制定统一规则。

四、积极布局对量子计算、人工智能等新技术的研究和规范

一是持续加大对新技术研发的投入。2 月 8 日，美国众议院科学、空间和技术委员会主席弗兰克·卢卡斯在委员会组织会议上承诺，2023 年将量子信息科学列为研究重点；美国国防部高级研究计划局（DARPA）召集微软、美国量子计算公司 Atom Computing 和 PsiQuantum 等研究实用规模量子计算，以

抢占全球领导地位；英国萨塞克斯大学和英国量子计算初创公司Universal Quantum首次证明了量子比特可以直接在量子计算机微芯片之间传输，取得量子研究新突破；2月15日，韩国科技部宣布设立用于人工智能研究的大型计算数据中心，投资445亿韩元在全球范围内建立国家人工智能研究网络；韩国政府计划2023年内发布30多个涉及芯片、人工智能（AI）等新兴领域的战略推进方案，确保未来产业增长动力。二是强化新技术规范，抢占国际领导地位。2月16日，美国国家网络总监办公室向联邦机构发布关于清点其密码系统的具体指南，以过渡到抗量子密码学时代；2月7日，北约数据和人工智能审查委员会开始制定负责任的人工智能认证标准，以帮助整个联盟的行业和机构确保新的人工智能和数据项目符合国际法以及北约的规范和价值观。三是推进新技术新应用研发国际合作，形成共同优势。美国和欧盟签署《人工智能促进公益行政安排协议》，加强合作，研究如何利用人工智能应对气候变化、自然灾害、医药、能源和农业等问题；日本量子革命战略产业联盟、美国量子经济发展联盟、加拿大量子产业联盟（QIC）和欧洲量子产业联盟签署成立量子技术国际协会的谅解备忘录，成立量子技术国际协会，推动量子技术普及。

五、相关启示

ChatGPT持续引发生成式人工智能热潮，相关领域网络信息安全风险的研究也随之增多，表明各国政府、业界在引导人工智能新技术发展应用的同时，均将提前谋划安全监管思路、规范安全管理规则作为应对新技术发展的必要举措，在试图掌握数字时代发展主动权的同时，对安全作出同等重要的考量。值得注意的是，一些国家加紧在个人数据保护和数据跨境流动方面构筑“小圈子”，是在跨境数据全球流动中制造区域性壁垒，还是通过与他国特别是发展中国家的跨境数据合作打造价值认同，将在数据安全领域国际话语权竞争和国际合作方面产生持久影响。

2.3 2023年3月全球网络安全和信息化动态综述

各国政府持续在加强网络安全体系建设、强化数据安全和隐私保护、主动向超大互联网平台“亮剑”、规范数字市场发展等方面深入推进各项工作。以

ChatGPT为代表的生成式人工智能应用持续引发高度关注，带来网络安全、内容安全、数据安全等风险在全球引发关注和讨论。人工智能、量子通信、卫星互联网等新兴技术依然是各国大力发展的重点，从发展规划到应用规则再到标准化设计，谋求在国际上占据主动。

一、以 ChatGPT 为代表的生成式人工智能应用风险引起全球关注

美国福布斯网站3月9日称，目前ChatGPT已被用于生成钓鱼电子邮件、事件响应报告、渗透测试的有效载荷、合规性和安全标准文档等；3月27日，欧洲刑警组织发布一份快报，警告ChatGPT等人工智能聊天机器人可被用于网络钓鱼、宣传虚假信息等网络犯罪；Check Point Research发布针对ChatGPT4的初步分析，披露了恶意使用这款聊天机器人的5种潜在网络犯罪场景，包括冒充银行机构向员工发送网络钓鱼电子邮件、下载并执行可以隐藏启动的Java程序等。英国《卫报》3月17日刊文称，ChatGPT等生成式人工智能确实存在一些额外的风险，比如编造一些东西，有时会产生有害内容或被用来传播虚假信息或侵犯隐私。新加坡媒体文章称，生成式人工智能的出现带来了“生产大量虚假信息”威胁，但政府监管仍停留在拟定阶段，必须加快监管规则制定；美国非营利新闻组织“The Intercept”发布报告称，美国特种作战司令部正在寻找提供深度伪造技术的承包商，以开展网络宣传和在线欺骗活动，包括通过黑客入侵互联网连接设备伪造宣传活动图像等。

二、多方加强网络安全体系建设，持续提升网络攻防能力

一是强化战略立法。美国总统拜登签署一项行政命令，首次禁止美国政府在实际行动中使用对国家安全构成威胁或被外国行为者滥用的商业间谍软件；3月22日，欧盟委员会提出《网络安全条例》和《信息安全条例》两项新提案，以在欧盟各机构、团体中建立共同的网络安全和信息安全措施；澳大利亚内政部长兼网络安全部长克莱尔·奥尼尔提出了制定《2023—2030年澳大利亚网络安全战略》计划，旨在使该国到2030年成为“世界上网络最安全的国家”；3月14日，罗马尼亚颁布了《网络安全和防御法》，规定建立国家网络安全系统，作为一个综合合作框架，将执法领域具有责任和能力的主管部门汇集在一起，以协调国家层面的行动。二是推动组织体系建设。美国总统科技顾问委员会（PCAST）宣布成立一个新的工作组，专注于重

组和重构数字系统，以抵御网络攻击并从中恢复过来；澳大利亚内政部秘书长迈克尔·佩祖洛表示将于5月1日成立一个新的网络和基础设施安全小组（CISG），致力于澳大利亚国家安全的专门研究；乌克兰政府正在起草一项新法律，准备将志愿黑客旅“IT军”纳入武装部队，结束其在法律上的“灰色地位”。三是增强威胁抵御能力。3月14日，美国国家安全局（NSA）发布“在整个用户支柱中推进零信任成熟度”的网络安全信息表，帮助系统运营商完善身份、凭证和访问管理能力，以有效缓解某些网络威胁技术；英国国家打击犯罪局透露，已建立并运行多个虚假的DDoS攻击服务雇佣网站，通过收集和分析注册用户的信息，渗透并破获地下网络犯罪活动；3月28日，欧盟网络安全局（ENISA）发布《中小企业网络安全成熟度评估》指南，为欧洲地区中小企业提供网络安全成熟度评估工具。四是加大财政资金投入。美国白宫3月9日公布的一份文件显示，政府将拨款31亿美元用于网络安全能力建设，其中4.25亿美元用于提高网络安全和基础设施安全局（CISA）的内部网络安全和分析能力，1.45亿美元用于增强CISA的弹性和防御能力，9800万美元用于实施《2021年关键基础设施网络事件报告法案》；3月13日，英国首相里希·苏纳克宣布启动英国综合安全基金（UKISF），为国内外项目提供资金，以应对英国及其合作伙伴面临的最复杂的国家安全挑战。五是加强国际合作。澳大利亚、加拿大、丹麦、爱沙尼亚、法国、日本、新西兰、挪威、英国和美国发表《关于跨国镇压威胁下民间社会网络安全战略对话的联合声明》，承诺在未来一年内定期开展十国政府之间的战略对话，确定合作机会以促进全球民间社会的网络安全；3月16日，北约和欧盟高级官员举行会议，启动了一个新的北约-欧盟关键基础设施弹性工作组，工作组将首先关注能源、交通、数字基础设施和太空4个领域，双方将分享最佳实践、态势感知，并制定原则以提高抵御风险的能力。

三、强化数据安全和隐私保护，规避外国通信服务安全风险

一是完善数据安全和隐私保护制度。3月8日，英国政府再次尝试改革《数据保护和数字信息法案》，修订内容包括：确保新法案与欧盟相关立法和标准充分衔接、进一步减少组织合规性证明文书工作量、支持更多的国际贸易等，将为企业提供能够低成本遵守的新法规。3月29日，艾奥瓦州成为美国第六个通过全面隐私法的州，该法律适用于一年内控制或处理至少10万

名艾奥瓦州消费者的个人数据，以及控制或处理至少2.5万名艾奥瓦州消费者的个人数据并从中获利超过50%总收入的企业，同时规定了消费者的数据权利，包括访问、获得个人数据备份和删除个人数据，以及选择退出定向广告或个人数据销售的权利。德国联邦宪法法院第一参议院裁定《德国电信法》和《刑事诉讼法》中规定的“在没有具体原因的情况下留存流量和位置数据”的条款不再适用，原因是上述条款影响与调查无关的民众隐私权，且不符合欧盟法律。二是从严格控制使用外国通信服务等多方面规制数据跨境传输。3月1日，俄罗斯联邦《信息、信息技术和信息保护法》修正案生效，禁止银行和非信贷金融机构使用外国即时通信服务提供包含俄联邦公民个人信息的数据。印度电子和信息技术部国务部长拉吉夫·钱德拉塞卡表示，印度政府即将出台的《2023年数字个人数据保护法案》将采取数据跨境传输“黑名单”管理，即跨境数据流默认情况下是被允许的，除非流向在“黑名单”上的接收国家或者地区。3月6日，韩国政府以安全问题为由，拒绝了苹果公司将高精度地图数据带出本国的要求。三是规制超大互联网平台数据安全问题。3月15日，荷兰阿姆斯特丹地方法院就一项集体诉讼作出裁决，认定脸谱网已侵犯荷兰用户隐私长达10年。奥地利数据保护机构（DSB）表示，Meta在使用像素代码技术时，个人数据将被转移到美国，存在被监控的风险，违反欧盟《通用数据保护条例》（GDPR）。3月23日，犹他州州长斯宾塞·考克斯签署两项限制未成年人使用社交媒体的法律，成为美国第一个要求18岁以下未成年人未经父母同意不得使用Instagram、TikTok、脸谱网等平台的州。

四、多举措营造数字市场公平竞争环境

一是加强立法和安全审查。欧盟监管机构修订《数字市场法》，加入新条款迫使苹果公司开放iMessage使用。3月28日，美国阿肯色州起诉TikTok和Meta，称其未能保障用户隐私安全和未成年人在线安全。在TikTok上风靡一时的“疤痕挑战”从法国蔓延到意大利等欧洲国家，引发意大利竞争与市场管理局（AGCM）对其内容安全展开调查。二是开展反垄断执法。3月28日，德国联邦卡特尔办公室（FCO）宣布对美国科技巨头微软公司进行反垄断调查，认为其可能存在一些不正当竞争的市场行为。同一日，西班牙国家市场与竞争委员会（CNMC）表示，对谷歌可能存在的反竞争行为启动审查，怀疑该公司涉嫌滥用在西班牙新闻出版物和新闻机构市场的主导地位，将不公平商业

条款强加给该国市场。

五、新兴技术领域竞争角力加剧，技术发展与监管规范并重

一是量子技术方面。3 月 8 日，美国政府问责局（GAO）发布关于如何在后量子密码世界中保护敏感数据的指导意见。英国政府启动一项为期 10 年的国家量子战略计划，向量子计算行业投资 25 亿英镑，以保持英国在全球科技领域的竞争力。加拿大国防部门发布《量子 2030》路线图，为加国防部和武装部队制定未来 7 年量子科技战略实施计划。欧洲标准化委员会（CEN）和欧洲电工标准化委员会（CENELEC）发布标准化路线图和关于量子技术用例的报告两份重要文件，以指导量子技术领域的标准化工作。二是人工智能方面。英国科学、创新与技术部正式发布人工智能监管白皮书，内容包括：英国政府将投资数亿英镑以改善人工智能安全发展环境、各领域监管机构将创建适合该领域的人工智能使用指南、避免制定可能扼杀创新的严厉法规、在未来 12 个月内为开发或部署人工智能解决方案的组织发布指南和风险评估模型、成立一个提升英国建立人工智能基础模型能力的特别工作组等。3 月 14 日，欧盟网络安全局（ENISA）发布《人工智能网络安全与标准化》指南，概述人工智能网络安全的标准化过程。三是芯片方面。3 月 30 日，韩国批准“韩版芯片法案”——《税收特例管制法》，明确通过给予本土企业税收减免的方式刺激投资，提振韩国半导体行业。美国和加拿大表示，随着国际商用机器公司（IBM）有意在加拿大扩大业务，两国将共同发展双边半导体生产走廊。四是卫星通信方面。3 月 7 日，欧盟理事会发表声明支持《2023—2027 安全连接计划》，为欧盟 2027 年前推出自己的安全卫星通信服务铺平道路。美、韩两国在首尔举行“美韩航天与卫星导航会议”，共同讨论韩式卫星定位系统（KPS）和美国全球导航系统（GPS）的对接合作方案。

六、相关启示

ChatGPT 快速迭代至 4.0 版本，带来的网络安全、内容安全、数据安全威胁进入全球视野，马斯克等 1000 多名专家联合呼吁暂停开发更强大的人工智能，反映出业界对于先进人工智能技术不可控性的警惕。多国持续加大新兴技术研究投入，制定人工智能、量子通信、超级计算机、卫星互联网长期发展规划，向政策、研发、产业、国际合作等方面延伸，力争在高科技领域保持领先地位。

2.4 2023年4月全球网络安全和信息化动态综述

各国持续关注网络安全、数据安全和新技术安全等发展态势，持续推进数字市场战略，规范大型科技平台，通过出台法案、增设机构、确定优先投资事项、强化国际合作等强化网络空间安全治理。美西方国家在不断加强对人工智能等高新领域的研究和资金投入的同时，持续加强对以ChatGPT为代表的人工智能的监管及风险防范。

一、持续优化网络安全防御能力

一是强化网络安全能力体系建设。4月11日，美国网络安全和基础设施安全局（CISA）发布了《零信任成熟度模型指南》第二版，确定了5个信任支柱，引导各机构平稳地向更高的零信任成熟度过渡。4月20日，美国政府问责局（GAO）发布了两年一度的高风险政府行动清单，将网络安全列入名单，并提出了850多项与网络安全有关的公开建议。4月26日，欧盟理事会轮值主席国瑞典首次全面重写《网络弹性法案》，增加了两个基本要求：①每个连接设备都应有一个唯一的产品标识符；②要求制造商授权用户安全轻松地删除所有数据和设置。4月4日，英国政府发布指南《实践中负责任的网络力量》，从挑战、应对、负责任的网络力量在行动，以及英国国家网络部队（NCF）发展的下一步计划等方面，描述了NCF运作的基本原则、开展工作的方式，并提供了一些实例。4月13日，瑞士各州批准通过了新的《国家网络战略》（NCS），该战略规定了联邦政府、各州以及商界和大学计划应对网络威胁的5项目标和17项措施。二是增加网络安全投资。4月18日，美国国土安全部（DHS）部长称DHS将网络安全列为2024财年的优先投资事项，预算总额达31亿美元，比2023财年增加1.49亿美元。其中，9800万美元将用于实施《关键基础设施网络事件报告法》，4.25亿美元用于新的网络分析数据系统。4月初，欧盟宣布投入超过10亿欧元建立“欧洲网络盾牌”，即由欧盟各国和跨境安全行动中心组成的泛欧基础设施，旨在利用先进技术识别欧盟面临的网络威胁并予以反击。4月18日，欧盟委员会通过了《网络团结法案》提案，以进一步加强各级欧盟网络安全生态系统的网络威胁检测、弹性和准备工作。三是加强关键基础设施安全防护。4月3日，美国网络安全和基础设施安全局（CISA）称，CISA正与合作伙伴合作，启动第六届全国供应链诚信月，以“供应链风险管理（SCRM）——保持弹性”为主题，鼓励利益相关者和合作伙伴应用全面的SCRM方法来保护国家最关键的供应链。4月19日，英国内阁宣布政府正在为电网和水网等关键国家基础设施设定两年内的网络弹性目标，并将从事关键基础设施建设的私营部门企业纳入弹性法规的范围。四是拓展国际网络安全合作。4月19日，北约合作网络防御卓越中心在塔林举办2023年度网络防御演习“锁定盾牌”，来自38个国家的3000多名专家参加了这一世界上最大规模的网络安全年度演习。本次演习不仅关注网络防御，还关注战略策略、法律问题和危机沟通；4月14日，美国CISA、NSA和FBI联合澳大利亚、加拿大、英国、德国、荷兰和新西兰等国的国家网络安全管理机构共同发布题为《改变网络安全风险平衡：设计和默认安全的原则和方法》的报告，鼓励技术制造商开发“设计安全、默认安全”的产品。4月19日，“五眼联盟”国家的7个机构联合发布了《智慧城市的网络安全最佳实践》指南，概述了智慧城市面临的ICT供应链风险等三大网络安全风险，并提出应对建议。

二、关注隐私保护立法以及人工智能隐私风险防范

一是完善数据安全和个人隐私保护立法。4月19日，美国议员提交《2023年在线隐私法案》（OPA），法案规定了与个人信息、隐私有关的个人权利，为涉及个人信息的实体制定隐私和安全要求，并建议设立“数字隐私局”来执行上述规定。4月24日，以色列议会宪法、法律和司法委员会批准通过《隐私保护条例》草案，对以色列的数据管理者引入相关义务，并为个人数据从欧洲经济区转移到以色列的数据主体提供了相应的权利。4月3日，法国数据保护机构国家信息与自由委员会（CNIL）根据《通用数据保护条例》（GDPR）发布了最新的《个人数据安全指南》，规定了确保个人数据安全应实施的基本措施。二是加大以ChatGPT为代表的人工智能风险防范与应对。继意大利数据保护机构Garante 3月31日宣布禁止使用ChatGPT，限制OpenAI处理意大利用户信息，并开始立案调查之后，法国、德国、爱尔兰、西班牙等欧洲多国数据保护机构指控OpenAI违反数据保护法并就相关情况展开调查。为此，欧洲数据保护委员会（EDPB）专门成立ChatGPT特别工作组，将就欧洲各国数据保护机构可能采取的执法行动交换信息，在制定欧盟范围内的人工智

能隐私规则方面迈出重要一步。此外，加拿大隐私专员办公室（OPC）4月4日宣布将对AI聊天机器人ChatGPT的开发商OpenAI展开调查，该调查涉及指控OpenAI“未经同意收集、使用和披露个人信息”的投诉。韩国个人信息保护委员会4月18日就ChatGPT收集使用韩国用户数据的情况进行检查。三是重拳打击非法数据交易。4月10日，新加坡《联合早报》网站称，美国、荷兰警方联合德国、法国、英国、澳大利亚和意大利等共17国执法机构，查封了广受网络犯罪分子欢迎的网上交易平台——创世市场，逮捕119名相关人员。该平台自2018年以来，以低至0.7美元的价格向黑客出售超过200万人的身份信息，赚取了870万美元的加密货币。4月2日，印度警方捣毁了一个涉嫌“盗窃、购买、持有和出售”6.69亿个人和组织的机密数据的团伙，涉及20多个邦和8个大城市，是迄今为止印度破获的最大一起数据盗窃案。

三、加强大型科技公司监管

一是加强对大型科技平台内容的监管。欧盟依据《数字服务法》，首批指定17个超大型在线平台和2个超大型在线搜索引擎，共19家科技巨头作为“超大型在线平台和搜索引擎”纳入《数字服务法》监管。欧盟委员会根据欧盟《数字服务法》成立了欧洲算法透明度中心（ECAT），作为协助监管主要数字平台的专门研究单位，旨在通过提高透明度和问责制，为个人和企业建立一个更安全、可预见和更可靠的在线环境。4月14日，韩国最高法院于当地时间裁定，谷歌必须披露其与第三方共享的个人信息清单，包括美国情报部门。二是推进反垄断立法执法。4月12日，欧盟委员会发布公告，反对博通收购虚拟化软件供应商VMware。英国《金融时报》网站称，英国政府将出台立法，建立新的监管机构来应对谷歌、亚马逊和脸谱网等大型科技平台日益增长的主导地位。4月11日，韩国反垄断监管机构公平贸易委员会指控谷歌滥用市场支配地位，并对其罚款421亿韩元。

四、积极推动新技术研究，助力信息化发展

一是积极推动新兴技术安全发展。4月初，美国众议员提出《人工智能促进国家安全法案》，拟通过人工智能支持的网络安全项目，确保国防部计算机系统的安全性。4月21日，美国国会获得40个ChatGPT Plus许可证，并已开始使用ChatGPT在内部进行技术实验。4月25日，美国国家标准与技术研究

院发布《后量子时代加密文件草案》，用于帮助各实体确定加密方案中使用公钥算法的位置和方式，以及将相关算法迁移到具有量子弹性的替代品的策略。二是成立专门机构。英国商业贸易部成立了一个智能数据委员会，致力于研究其他智能数据计划，例如帮助消费者和小企业以更容易的方式更换公用事业提供商、进行账户管理等。日本政府计划 5 月成立一个隶属于内阁的专门机构以审查国家人工智能战略。该机构将为包括ChatGPT在内的人工智能提供关键的政策方向。4 月 13 日，韩国数字平台政府推进委员会与科学技术部、个人信息保护委员会举行了联合会议，报告尹锡悦政府的“数字平台政府实现方案”，计划建立一个超级巨型人工智能平台，将所有部委和机构的信息统一在一个平台上，在 2026 年前整合 1500 多项服务以精简官僚机构。三是围绕数字化转型加大投入和研究。4 月 18 日，英国路透社报道称，欧盟批准价值约 430 亿欧元补贴的《欧盟芯片法案》，以追赶美国和亚洲，开启绿色工业革命。4 月 11 日，英国公布了旨在促进数字连接并使英国处于未来通信技术前沿的新投资方案，总投资金额达 1.5 亿英镑。英国政府创新机构“创新英国”成立了一个新的 1 亿英镑的基金，以帮助英国企业准备和部署人工智能技术，重点针对农业、建筑、运输和创意产业的公司。4 月 19 日，印度政府批准了“国家量子任务”，计划从 2023 到 2031 年，投资 6003.65 亿卢比，用于培育、扩大科学和工业研发，并创造一个充满活力的量子技术生态系统，使印度成为量子技术及应用领域的领先国家之一。

五、相关启示

各国加快构筑网络安全防线，北约、欧盟等组织通过联合演习、制定法案、发布指南、联合报告等方式加强网络安全合作。ChatGPT 引发的全球新一轮人工智能监管热潮势头未减，美国、英国、法国、意大利等多国着手研究以多角度防范相关风险。随着各国加强人工智领域研究，ChatGPT 等新兴人工智能工具或被纳入更加细致的监管框架，防止其对社会和国家安全造成大范围的影响。

2.5 2023 年 5 月全球网络安全和信息化动态综述

各国政府在应对生成式人工智能安全风险、加强数据安全和隐私保护、推进网络安全战略实施、强化内容安全监管等方面持续发力。多国发布加强人工智能监管的政策举措，加快制定本国人工智能发展战略。在维护网络安全方面，进一步完善网络安全顶层设计，持续推动战略立法，增强网络安全风险应对能力，推进网络安全战略实施。各方密切关注数据安全风险，推进完善相关制度建设，保障跨境传输数据安全，同时采用敦促、警告或直接禁用等方式对大型科技公司加强内容安全管理。在新技术领域，各国坚持规范与发展并重的原则，增加资金投入、加强国际技术研发合作。

一、各国持续推进围绕人工智能的风险评估、安全监管、战略部署以及军事应用

5月，多国在继续关注ChatGPT可能带来的网络信息安全风险的同时，纷纷发布加强人工智能监管的各项政策举措，同时加快制定本国的人工智能发展战略，以推动人工智能创新发展。一是关注并调查ChatGPT将会带来的网络信息安全风险。5月3日，Meta首席信息安全官盖·罗斯召开新闻发布会表示，自2023年3月以来，Meta已发现大约10个恶意软件团伙和1000多个恶意链接，均对外宣传为“连接ChatGPT的工具”。5月25日，加拿大隐私专员办公室（OPC）表示，正在对ChatGPT母公司OpenAI的数据收集和使用情况展开联合调查，包括其是否获得收集、使用和披露居民个人信息的同意，以及该公司在履行“公开、透明、访问、准确性和问责制”方面的义务。二是多国政府发布加强人工智能监管的各项政策举措。5月11日，欧洲议会公民自由、司法和内政委员会等通过《人工智能法案》谈判授权草案，旨在确保人工智能系统受到监督。5月18日，英国首相里希·苏纳克表示，英国将率先建立“护栏”以限制人工智能技术潜在的危险，包括成立了专门的AI特别工作组，为人工智能开发“安全可靠”的应用程序，启动人工智能风险研究等。5月23日，美国政府宣布了一系列围绕人工智能使用和发展的新举措，重点是在人工智能时代保护美国公民的权利和安全，包括白宫科技政策办公室（OSTP）调整美国AI研发战略计划，以明确美国联邦政府AI研发投资的关键优先事项和目标；美国教育部教育技术办公室（OET）发布《AI与教学的未来：见解与建议》报告，总结了AI在教学领域的风险和机遇，并提出算法偏差、基于信任和安全建立适当护栏等问题的重要性。5月25日，新西兰隐私专员办公室（OPC）发布《生成式人工智能使用指南》，概述了企业和组织以

尊重隐私权的方式参与生成式人工智能的七方面建议，包括审查生成式人工智能工具是否必要和相称、提前进行隐私影响评估、制定关于准确性和个人访问的程序等。三是发布人工智能发展战略。5 月 4 日，越南胡志明市人民委员会批准一项提案，拟启动《人工智能十年发展计划》，通过全面开发人工智能应用程序，推进建设数字基础设施。5 月 5 日，巴基斯坦联邦信息技术和电信部部赛义德·哈克批准了《人工智能政策》的初步草案，旨在指导巴基斯坦人工智能部门的发展和采用，以促进经济发展。四是美英澳共同推动人工智能军事应用。英国举行了首届奥库斯（AUKUS，美英澳军事联盟）人工智能和自主技术试验，该试验由英国国防科学与技术实验室（DSTL）组织，包括对飞行中的模型进行实时再训练，以及 AUKUS 国家之间的 AI 模型的互换。实验将美英澳三国的人工智能资产首次联合部署在一个协作群中，以实时检测和跟踪具有代表性环境中的军事目标。该实验是 AUKUS 推动三国在复杂作战中快速部署可靠、值得信赖的人工智能和自主技术的重要举措之一。

二、多国完善网络安全顶层设计，推进网络安全战略实施

一是完善网络安全顶层设计，持续推动战略立法。5 月 6 日，英国开始实施名为《产品安全和电信基础设施法案 2023》（PSTI 法案 2023 年版）的互联安全法规，为所有具有互联网连接功能的消费品制定最低安全标准。5 月 17 日，美国众议院国土安全委员会通过了《2023 年保障开源软件法案》和《国土安全部网络安全在职培训计划法案》，旨在加强对开源软件和网络培训的监督，减少联邦政府使用开源代码带来的安全风险。5 月 26 日，美国国防部向国会提交了新的网络战略——《2023 年国防部网络空间战略》，并发布相关说明，新战略推出四方面举措：①继续沿用 2018 年确立的“前沿防御”和“持续交战”原则，深入了解恶意活动并实施主动防御，通过破坏对手能力来维护国家安全；②确保国防部信息网络的健全性和网络能力，并以此为联合部队获得不对称优势；③通过建设盟友和合作伙伴的能力来保护网络安全；④通过优化网络部队的组织、培训和装备来建立持久的优势。5 月 29 日，菲律宾信息和通信技术部发布了《国家网络安全计划（2023—2028 年）》（NCSP）草案，规划了 6 项重点工作，包括颁布《网络安全法》、保护关键信息基础设施、积极主动地保护网络空间中的政府和人民、计算机应急小组（CERT）和安全运营中心（SOC）协调运作良好的网络、培养网络安全方面的人才以及加强国际合

作。二是启动计划或项目推进网络安全战略实施。5月4日，越南信息通信部信息安全管理局和多个城市信息通信部门召开了国家网络安全战略的启动和评估会议，强调在网络空间加强对国家主权的保护，包括数字基础设施、数字平台、数据、国家网络基础设施以及党政机关信息系统等。5月16日，美国代理国家网络总监肯巴·瓦尔登表示，白宫拟推出“提升国家数字素养、扩大网络劳动力”的实施计划，贯彻全面的国家网络安全战略，包括为每个美国人提供基础网络技能、转变网络教育、发展国家网络劳动力以及增加联邦网络劳动力。三是强化关键信息基础设施、中小企业等重点领域与行业网络安全能力。5月29日，澳大利亚网络和基础设施安全中心（CISC）制定了实施“关键基础设施风险管理计划（CIRMP）”的规则，以指导关键信息基础设施部门更好地应对网络攻击和勒索软件、火灾和洪水、恶意内部人员和邪恶外国势力等安全风险。新规则规定了关键基础设施资产的责任实体必须采用、维护和遵守风险管理计划，以识别和管理可能对关键基础设施资产产生相关影响的重大危险风险等。爱尔兰政府表示拟于秋季启动为期两年、投资420万欧元的国家网络安全协调与发展中心（NCC-IE）项目，增进与工业界、学术界和研究部门的协调，投入资金支持工业界特别是中小型企业在网络安全研究、创新和弹性等方面推出更多举措，推动其采用最先进的网络安全解决方案等。

三、加强数据安全和隐私保护

一是数据泄露事件仍呈高发态势。美国咨询公司Independent Advisor最新研究显示，在2023年的前4个月，已经有约3.47亿人受到商业数据泄露的影响。美国交通部（DOT）遭入侵，23.7万名现任和前任联邦政府人员的数据被泄露。英国最大外包公司Capita云泄露655GB数据，暴露的数据包括软件文件、服务器镜像、Excel电子表格、PowerPoint演示文稿以及文本文件，客户涉及英国多个政府部门。5月10日，谷歌被指控违反欧洲隐私法律，多年囤积求职者的个人数据，其内部数据库包含了数千名欧盟和英国人的个人资料，其时间可追溯到2011年。5月26日，安全研究员耶利米·福勒称，免费VPN服务SuperVPN遭遇重大数据泄露，共有133GB敏感信息被泄露，波及超过3.6亿名用户。二是多方推进完善数据安全和隐私保护制度建设。5月10日，美国国家标准与技术研究院（NIST）发布了修订后的指南草案《保护非联邦系统和组织中的受控非密信息》（NIST特别出版物800-171修订版3），规定所有联邦部门以及处理政府数据的联邦承包商和分包商都必须遵守NIST制定的标准，以应对信息安全的高级别威胁。5 月 21 日，巴基斯坦信息技术和电信部公布《2023 年个人数据保护法案》草案，该法案旨在规范个人数据的收集、处理、使用、披露和传输，规范包括涉及侵犯个人隐私权等的行为。草案规定对任何违规进行个人数据处理、传播或披露个人数据的行为处以最高 12.5 万美元的罚款；并提出设立巴基斯坦个人数据保护国家委员会（NCPDP），其负责制定最佳国际标准以保护个人数据。三是进一步规范数据跨境流动。欧盟网络安全局正在起草新的提案，草案涉及“欧洲云服务网络安全认证计划”（EUCS），要求云服务供应商将所有数据存储在欧盟境内以获得最高网络安全认证资格。5 月 22 日，爱尔兰数据保护委员会（DPC）对Meta处以 12 亿欧元罚款，并要求其在收到处罚通知后的 5 个月内停止向美国转移任何个人数据，并在 6 个月内暂停非法处理，包括在美国存储属于欧洲用户的个人数据。这是有史以来违反《通用数据保护条例》（GDPR）的最大罚款。

四、推进虚假信息治理，强化内容安全监管

一是制定政策措施或设立机构，加强虚假信息治理工作。5 月 9 日，法国数字部长让-诺埃尔•巴罗向部长理事会递交一项提案，提案内容包括设置反宣传过滤器、打击网络暴力以及引入色情内容拦截器等措施，具体包括扩大法国影音和数字传播监管局（Arcom）的权力，屏蔽被欧洲立法禁止的网站，预计欧洲以外的网站尤其会受到该措施影响；禁止人们在特定时间段内使用社交媒体；提出Arcom应有权在没有司法许可的情况下屏蔽色情网站等。二是利用人工智能技术收集、分析和治理虚假信息。5 月 10 日，美国国务卿布林肯在公开场合表示，美国国务院已经研发出支持人工智能的乌克兰在线内容聚合服务器，用于识别和收集互联网上的俄罗斯虚假信息。5 月 26 日，美国国防创新小组（DIU）认为外国虚假信息或被用来破坏美国安全，因此邀请商业公司提交提案，以增强使用生成式人工智能和大型语言模型收集、分析公开可用信息的能力。三是以敦促、警告或直接禁用等方式规范大型科技公司内容安全管理。5 月 9 日，印度政府以国家安全为由禁止了Element、Wickrme等 14 款即时通信应用，以及部分提供开源服务的应用。印度国防部声明，上述应用可能被分裂分子用来策划恐怖袭击，由于其聊天记录无法被拦截，因此需要关闭其网络连接或禁止有关内容和应用。5 月 10 日，巴西选举委员会主席、最

高法院法官亚历山大·德·莫赖斯发表公开讲话，称将在全国范围内暂停使用Telegram并对其罚款，除非Telegram删除其对巴西互联网虚假信息传播监管法案提出的批评。5月11日，法国性别平权副部长伊丽莎白·莫雷诺在采访中表达了对X平台传播色情内容的担忧，并提出禁用X平台的可能性。美国国家安全副顾问安妮·纽伯格会见了OpenAI和微软等顶级科技公司的高管，敦促相关公司在其在线内容中添加水印，以解决人工智能生成虚假信息的问题。5月26日，法国数字部长让-诺埃尔·巴罗在法国信息电台发表的评论中表示，如果X平台拒绝遵守即将于8月底在整个欧盟生效的《数字服务法》，该公司将被禁止进入欧盟。

五、发布新兴技术发展战略，强化投资与研发合作

一是从战略层面推动新兴技术发展。5月3日，澳大利亚工业与科学部正式发布《国家量子战略——利用澳大利亚的量子优势建设繁荣的未来》，强调澳大利亚将在量子技术研发、投资和使用，确保对重要量子基础设施和系统的访问，培养量子技术人才，开发支持国家利益的量子技术标准和框架，以及打造一个值得信赖、合乎道德和包容性的量子生态系统5个关键领域进行长期投资。5月4日，美国政府发布《美国政府关键和新兴技术国家标准战略》，重申了标准对于美国的重要性，提出将更新基于规则的标准制定方法，强调美国支持制定关键和新兴技术（CET）国际标准。该战略提出4个关键目标：一是投资，加强对预标准化研究的投资，呼吁私营部门、大学和研究机构在标准制定方面进行长期投资，推动美国在国际标准制定中处于领导地位；二是参与，与包括外国合作伙伴在内的私营部门、学术界和其他主要利益相关方沟通合作，提高美国对CET标准制定的参与度；三是劳动力，投资于教育和培训利益相关者，以便更有效地为技术标准的制定作出贡献；四是诚信与包容，通过盟友和合作伙伴的支持，促进国际标准体系的完整性，并提出将合作伙伴加入国际标准合作网络（ISCN），使之成为进行政府间合作的固定机制。二是增加资金投入，用于新技术研发应用。5月9日，韩国政府制定发布了十年半导体核心技术发展路线图以保持半导体产业的世界领先地位，计划2023年投资4.25亿美元用于芯片行业的研发。欧盟委员会开放2023—2024年“数字欧洲计划”工作方案下第一组超过1.22亿欧元的拨款申请，以加强整个欧盟的数字技术和能力。英国政府拨出1亿英镑用于创建“大模型工作组”，未来几

个月，英国政府将再投资 9 亿英镑，使英国在 2030 年成为一个技术超级大国。印度计划重启百亿美元的芯片制造奖励计划，希望通过此举吸引潜在的芯片制造商进入本国。三是加强新技术新应用研发国际合作。美国和日本 5 月 26 日发布联合声明称，两国将深化在先进芯片和其他技术研发方面的合作；欧盟委员会和美国政府 5 月 31 日在瑞典举行贸易与技术委员会（TTC）第四次峰会，寻求就绿色科技、新兴技术和出口管制措施达成一致，其中涉及人工智能监管路线、半导体协商互惠、量子计算研发、6G 共同愿景制定及连通性合作等。

六、相关启示

目前，多国已针对人工智能风险采取相关限制措施。在引导人工智能等新技术发展和应用的同时，探索构建以人为本的技术发展治理体系、处理好发展和安全之间的关系成为各国共识。大型平台可能产生的数据安全风险问题引发多方关注，可以预见各国政府将采取有力措施推动企业数据跨境行为合规。强化数据跨境流动合作以及相关标准制定话语权的争夺，正成为数字时代国际事务的长期组成。美、日、欧等发达国家和地区相继在网信新兴技术领域推出战略规划，表明网信领域技术革新能力在国家科技竞争格局中的比重不断上升，“技术主权”竞赛已成为国家间博弈的焦点。

2.6　2023 年 6 月全球网络安全和信息化动态综述

多国通过发布网络战略、强化关键基础设施管理等，持续提升网络安全防护水平。针对数据泄露事件仍呈高发态势的现状，通过强化立法、执法与国际合作，力图实现数据资源开发利用与数据隐私保护的平衡。在新兴技术领域，人工智能安全仍是关注重点，各国坚持监管规范与促进发展并重。信息化方面，美欧接连宣布多项计划，加大数字基础设施建设投入。

一、加紧完善人工智能立法和战略设计，重视风险防范与应对

一是美欧加快推进人工智能领域立法和战略设计，抢占监管先机。6 月 14 日，欧洲议会投票通过《人工智能法案》授权草案，进入最终谈判阶段，若后续流程通过，该法案将成为全球首个关于人工智能的法案。6 月 14 日，美国参议

院国土安全和政府事务委员会批准《透明自动化治理法案》，要求联邦机构在人与人工智能及其他自动化系统交互时，或者在使用人工智能和其他自动化系统做出关键决策时，必须通知相关人员。美国和欧盟正在制定一个关于人工智能的“共同行为准则”草案，希望人工智能企业能够自愿遵守。此前，美国—欧盟贸易与技术委员会（TTC）发布的会议联合声明也提出，已就评估人工智能风险所需的条款成立专家组，将围绕制定人工智能标准进行合作，以及监测已有和新出现的风险。二是组建国家层面高水平人工智能工作团队。美国商务部下属机构美国国家标准与技术研究院（NIST）将成立一个生成式人工智能公共工作组，吸收来自公共和私营部门的技术专家志愿者，以帮助美国抓住新技术的机遇，同时制定其风险的应对指南。美国两党议员提出《国家人工智能委员会法案》（NAIC Act），根据该法案，美国将建立一个由20名成员组成的国家人工智能委员会，由在计算机科学或人工智能、工业、劳工、政府方面具有实际经验的人员组成。三是加强对以ChatGPT为代表的人工智能应用的风险防范与应对。6月2日，日本隐私监管机构个人信息保护委员会（PIPC）表示，已向ChatGPT的开发者OpenAI发出警告，不得在未经许可的情况下收集敏感数据。6月12日，韩国国家情报院（NIS）发布《ChatGPT安全指南》，希望通过该举措解决ChatGPT和其他人工智能聊天机器人带来的个人及工作信息泄露和虚假新闻的产生等问题。美国众议院对在国会机构中使用ChatGPT作出限制性规定，例如议员和工作人员只能使用付费版本的ChatGPT Plus，因为该版本具有保护国会数据所必需的内置隐私功能；各办公室只能在启用隐私设置的情况下进行研究和评估，禁止将未公开文本粘贴到该模型中等。

二、持续提升网络安全防护水平，筑牢网络安全防线

一是强化网络安全防护顶层设计。6月13日，美国众议院军事委员会的网络、创新技术和信息系统（CITI）小组委员会通过《2024财年国防授权法案》（NDAA）草案，设立了多项网络安全条款，旨在增强国防部的网络安全能力。6月14日，德国政府出台了首部《德国国家安全战略》，本着“安全整合”的精神，战略将国家的内外安全威胁捆绑为一个整体概念。值得注意的是，战略文件特别强调了网络安全的突出作用，拒绝将黑客攻击作为网络防御的手段。6月26日，欧盟理事会主席和欧洲议会谈判代表就一项旨在确保欧盟各机构、办事处、代理机构高度一致的网络安全法规达成临时协议，将为网

络安全领域的所有欧盟实体创建一个共同框架，并提高其网络复原力和事件响应能力。二是加强关键信息基础设施的网络安全保护。6 月 14 日，美国国会议员重新启动两党电网创新核心小组（GIC），旨在提高国家电网的安全性和可靠性，并强调技术创新在加强电网基础设施方面的建设性作用。印度政府制定《2023 年国家网络安全参考框架》，旨在为电信、银行、能源等 7 个关键行业提供“战略指导”，以解决其网络安全问题。三是加强网络安全国际合作。6 月 2 日，美韩两国签署协议，共同制定确保两国联合军事行动顺利进行的首个网络安全指南。6 月 4 日，美国参议院公布《2023 年亚伯拉罕协议网络安全合作法案》，加强美国与参与“亚伯拉罕协议”[①]的国家之间的伙伴关系，抵御来自伊朗等国家的网络攻击。6 月 7 日，美国和瑞士在华盛顿举行第二次美瑞网络和数字对话并发表联合声明，讨论加强网络安全和网络防御合作的途径，期望扩大打击勒索软件的合作范围。英国外交、联邦和发展事务部与新加坡网络安全局负责人签署新的英国-新加坡网络对话协议，围绕物联网安全、应用程序安全和网络技能开发等议题，加强双方网络防御合作。四是美欧继续推进对乌克兰的网络防御支持计划。6 月 5 日，乌克兰数字化转型部部长米哈伊尔·费多罗夫表示，美国将拨款 3700 万美元加强乌克兰的网络防御能力。6 月 18 日，英国政府宣布将投入 2500 万英镑，通过两年的时间来推行其网络防御计划，支持乌克兰政府快速响应和保护重要政府服务免受破坏性网络攻击。

三、强化数据安全与隐私保护的立法、执法与国际合作

一是美国多州加强数据安全和隐私保护立法工作。6 月 6 日，美国佛罗里达州州长罗恩·德桑蒂斯签署了参议院第 262 号法案（SB 262），使该州成为美国第十个拥有数据隐私法的州。法案允许人们通过语音识别选择不收集个人数据，并将生物特征数据和地理位置信息纳入“个人信息”定义中。6 月 18 日，美国得克萨斯州州长签署《得克萨斯州数据隐私和安全法案》，定义了“生物特征数据”“同意”“匿名数据”“敏感数据”等术语。6 月 23 日，美国俄勒冈州众议院通过《俄勒冈州消费者隐私法案》，对个人和生物特征数据进行了广泛的定义，全面保护消费者的数据权利，并对有权访问个人隐私数据的

① “亚伯拉罕协议”：即以色列、阿联酋、巴林以及后来加入的苏丹、摩洛哥于2020年签署的一系列协议，旨在使以色列与相关阿拉伯国家之间的外交关系正常化。虽然协议没有明确关注网络安全问题，但相关国家关系的正常化后续促进了网络安全领域的合作。

公司提出了高标准要求。二是加强组织机构建设和执法力度，应对数据保护领域新问题。5 月 31 日，韩国个人信息保护委员会（PIPC）宣布成立生物识别信息使用研究小组，重点研究生物识别信息及其使用可能对人权产生的影响，并对实时人脸识别技术进行监管。6 月 14 日，美国联邦通信委员会（FCC）宣布将成立首个隐私和数据保护工作组，打击 SIM 卡重复使用带来的敏感消费者数据共享、地理定位数据收集等数据隐私问题。美国科技巨头谷歌原定于 6 月中旬在欧盟市场正式上线人工智能聊天机器人 Bard，但由于爱尔兰数据保护委员会指出，谷歌未明确说明 Bard 服务将如何遵守欧盟地区的隐私数据保护规定，致使谷歌被迫将发布日期向后推迟。三是开展国际合作，促进数据跨境安全有序流动。6 月 8 日，美国和英国原则上达成了建立英国《数据隐私扩展框架》的承诺，将搭建一个美英“数据桥”，获准加入该框架的美国公司能够接收英国的个人数据。此外，美国总统拜登和英国首相苏纳克 6 月 8 日签署了《21 世纪美英经济伙伴关系大西洋宣言》，旨在制定和交付一项关于关键和新兴技术的共同工作计划，预计在未来 12 个月内进行更新和推进，其中包括技术和数据隐私领域的合作。

四、加大数字基础设施建设投入，聚焦前沿技术发展

一是着眼数字经济发展，加大数字基础设施建设投入。6 月 12 日，美国农业部宣布投入超 7 亿美元帮助农村地区接入高速互联网。6 月 16 日，拜登政府宣布“中间一英里”（Middle Mile）计划，将拨款 9.3 亿美元在美国 35 个州和波多黎各（拉丁美洲西印度群岛中的美国属地）扩展高速互联网基础设施。6 月 26 日，美国总统拜登宣布了一项超 420 亿美元的基础设施投资计划，旨在到 2030 年让每个美国家庭都能实现高速上网。6 月 7 日，欧盟提出 1893 亿欧元的 2024 年欧盟年度预算，将优先考虑绿色和数字化支出，使欧洲网络更具弹性并适应未来。6 月 8 日，新加坡公布《数字连接蓝图》（DCB），对整个数字基础设施堆栈进行全面规划，包括硬基础设施、物理数字基础设施和软基础设施，以确保数字基础设施为未来做好准备。二是瞄准战略制高点，加大前沿技术研发力度。美国总统拜登选定谷歌母公司 Alphabet 的董事长约翰·亨尼斯负责美国下一代计算机芯片的研究工作，同时还有其他 4 位科技行业专家来协助研发，共同组成遴选委员会。6 月 8 日，欧盟委员会批准 81 亿欧元的国家援助计划，用于微电子和通信技术领域。14 个成员国可以向被统称为“欧洲共同利益重大

项目”（IPCEI）的 68 个项目提供援助，涉及的公司包括空客、阿斯麦和爱立信等。英国政府发起了一项小企业研究倡议竞赛，向有兴趣开发利用量子技术的组织提供总额为 1500 万英镑的资金，呼吁创新者探索量子技术在与英国政府优先事项相关的各个领域中的应用。三是在高新技术领域寻求国产替代方案，捍卫技术主权。5 月 25 日，俄罗斯出台《2030 年科技发展规划》，该文件是俄罗斯当前技术发展的顶层设计文件，主要思路是通过立足于“国内研发成果”，实现“技术主权”。该文件设定了到 2030 年在芯片、电信设备和软件等高新技术产品上的国产替代目标，拟将高新技术产品对外依赖率降至 25%。瑞典国家应用人工智能研究中心 AI Sweden 正在开发一个可供公共和私营部门使用的“瑞典大语言模型”，以维护主权安全，该模型纳入了北欧地区的主要语言，包括瑞典语、丹麦语、挪威语、冰岛语等。6 月 15 日，欧盟发布第二份关于欧盟《5G 网络安全工具箱》实施情况的进展报告，宣布将与成员国和电信运营商合作，确保中兴和华为等 5G 供应商逐步退出欧盟委员会网站的现有连接服务。

五、相关启示

2023 年上半年，全球掀起一股人工智能监管浪潮，各国开始争夺监管主导权，能否通过加强国际合作确保人工智能始终处于负责任开发部署的状态，需要国际范围内进一步展现智慧、形成方案。从全球看，高危害性数据泄露事件仍然高发，数据分类分级保护、数据安全风险评估、监测预警和应急处置以及数据安全审查等数据安全制度体系仍待建立，亟须探索在保证数据安全的前提下为数据跨境流动提供便利与自由，更好促进经济发展。网络战、虚假信息等话题热度上升，反映出网络空间面临的复杂形势与共同课题。

2.7 2023 年 7 月全球网络安全和信息化动态综述

以美欧为代表的国家和地区深入推进网络空间立法和战略布局，不断提升网络安全防御能力；美欧就《欧盟-美国数据隐私框架》达成一致，美国同意采取严格的数据隐私保护措施，对新框架做出“前所未有的承诺”，跨大西洋数据流动圈加速形成；随着 ChatGPT 等生成式人工智能技术高速发展，各国纷纷出台政策文件指导人工智能安全应用。

一、完善网络安全布局，谋求网络空间主动

一是出台战略法规，强化顶层设计。7月13日，美国白宫发布《国家网络安全战略》实施计划，包括超过65项“强力举措”，每一项都划定了责任机构，为美联邦机构实施《国家网络安全战略》提供路线图；7月18日，欧洲理事会通过《网络弹性法案》的修订版本，对报告义务、高度关键的产品和产品寿命等内容进行了调整；7月17日，新加坡议会通过《网络犯罪危害法案》，旨在打击具有犯罪性质或助长、教唆犯罪的网络活动或网络内容。二是探索设立新机构统筹协调资源。7月7日，美国国防部表示，国防部拟创建内部威胁和网络能力联合管理办公室，以监督用户活动并改进威胁监控，为该部门的秘密设施建立集中跟踪系统，并加强对绝密信息的问责和安全；希腊国家情报局拟新建网络安全中心，负责监控、检测和响应该国数字基础设施面临的网络威胁和安全漏洞，以提升网络安全能力。三是聚焦网络作战能力提升。7月6日，美国国防部测试大语言模型，欲在整个军队中开发数据集成和数字平台；7月18日，美国国家情报总监办公室发布《2023—2025年情报数据战略》，指导情报界采用人工智能和实现数据收集自动化，并培训精通数据的工作人员使用人工智能来提升能力；在7月12日举行的北约峰会上，北约成员国签署系列机密级网络安全承诺，确认于2023年11月举行首次全面的网络防御会议，一致通过“增强网络防御有助于整体威慑”的承诺，优先加强国家网络防御能力。四是持续进行断网测试。7月4日至5日，俄罗斯联邦通信、信息技术和大众传媒监督局暂时切断了与全球互联网的连接，以检查境内互联网是否能够自行独立运行，这是年度境内网络安全测试的一项任务；7月3日，欧盟驻联合国代表团发表《关于互联网关闭的联合声明》，呼吁各国培育开放的互联网，而不是强行关闭互联网、限制公民的在线自由。

二、强化数据安全监管举措，推进个人信息保护

一是持续完善数据安全和隐私保护立法。7月18日，美国俄勒冈州州长正式签署《消费者数据保护法案》，消费者将有权要求数据控制者更正其个人数据中的不准确之处、删除个人数据，或在某些情况下选择不接受处理其个人数据等；7月5日，印度联邦内阁批准了于2022年起草的《2023年数字个人数据保护法案》，规定只有在个人同意的情况下，才能根据该法处理个人数

据，同时成立数据保护委员会监督该法执行。二是跨境数据流动制度性安排取得实质性进展。7 月 10 日，欧盟委员会通过了《欧盟-美国数据隐私框架》充分性决定，这是欧盟和美国之间一项具有里程碑意义的数据传输协议，结束了双方多年的谈判，重新界定了数字信息在欧美之间的共享方式，以更好地保护传输到美国的欧盟公民个人数据的安全；7 月 6 日，英国成为全球第一个被授予全球跨境隐私规则（Global CBPR）论坛准成员地位的国家，将有机会推动与美国、加拿大、墨西哥、日本、韩国、菲律宾、新加坡、澳大利亚等司法辖区在数据流动方面的合作。三是加大违反数据和隐私保护规定的规制力度。7 月 4 日，欧盟法院裁定，反垄断机构有权评估侵犯隐私的行为，并裁定 Meta 公司不能在未经同意的情况下在其平台和网络上对用户进行分析；7 月 17 日，挪威数据保护局以侵犯隐私为由，对脸谱网和 Meta 公司处以每天 100 万克朗的罚款，除非其采取补救措施；7 月 27 日，韩国个人信息保护委员会对 ChatGPT 的运营商 OpenAI 处以 360 万韩元罚款，原因是该公司泄露了 687 名韩国用户的个人信息。

三、人工智能治理成为各方关注焦点，新应用横空出世引发安全担忧

一是各国持续加大人工智能风险管理。美国联邦贸易委员会（FTC）要求企业删除基于不正当方式获取的数据开发的产品，以规范人工智能企业的数据训练抓取行为；7 月 7 日，美国信息技术产业协会提交关于国家人工智能战略发展的建议，以确保新兴技术的开发和部署不会危及公众的权利和安全；7 月 14 日，加拿大网络安全中心发布《生成式人工智能》指南，聚焦生成式人工智能使用风险，包括数据隐私问题、有偏见的内容、错误信息和虚假信息等；澳大利亚政府就公共部门如何使用生成式人工智能发布暂行指导意见。二是科技巨头竞相发力人工智能应用。7 月 6 日，OpenAI 宣布全面推出其最新的文本生成模型 GPT-4，全球开发者都能使用 GPT-4 大语言模型增强自己的应用程序或开发全新的生成式人工智能应用；谷歌 7 月 13 日表示，人工智能聊天机器人 Bard 进军欧洲、巴西市场，与 ChatGPT 展开竞争；7 月 26 日，微软、OpenAI、谷歌等巨头联合成立前沿模型论坛，推动负责任的人工智能发展；苹果公司开始测试自主研发的生成式人工智能工具。三是社交媒体应用 Threads 横空出世，引发安全担忧。7 月 5 日，Meta 推出全新社交媒体应用 Threads，短短一周内就

有上亿名用户注册，同时，其跨平台数据共享引发了隐私安全担忧。技术专家一致认为，文本和多媒体平台可以访问的信息的特定性和数量对大多数用户构成了风险。由于未能遵守欧盟《数字市场法》中禁止跨平台共享用户数据的相关规定，爱尔兰数据保护委员会要求Meta暂时停止在欧盟范围推出该应用。

四、加强网络社交平台管控，创新网络内容监管手段

一是探索使用新技术强化网络内容监管。欧盟“地平线欧洲”项目资助的AI4TRUST计划通过人工智能算法分析文本、音频、视频等多模态和多语言内容，标记出虚假信息风险较高的内容，供专家审查；越南向脸谱网、谷歌等科技巨头提出监管意见，要求相关企业配合监管部门使用人工智能自动检测和移除网上的“有毒”内容，包括冒犯性言论、虚假信息和反国家叙事等。二是社会暴乱引发政府强化网络社交平台管控。6月底，法国警方射杀北非裔少年事件引发全国性骚乱，法国政府将网络社交平台的推波助澜视为引发骚乱的主要原因，迅速加大管控力度；7月1日，法国内政部明确要求社交媒体下架具有煽动性、刺激民众情绪的敏感视频，并向执法部门提供发布煽动性信息的网络用户身份，涉及X平台、Snapchat等社交平台；7月4日，法国参议院提出新法案，要求社交媒体平台必须提供用户的身份信息，配合政府遏制暴力信息传播。

五、相关启示

美欧在双边渠道推动数据跨境流动规则构建方面取得实质性进展，开始构建主要数据流动圈。下一阶段，主要国家将陆续完善数据跨境流动配套法律法规和具体实施细则，在数据跨境流动方面诉求相同的国家和地区或优先靠近，推动形成数据跨境流动规则的制度性安排。同时，人工智能时代的数据安全、隐私保护、伦理挑战等成为各国加强新技术治理的长期议题。中国快速出台《生成式人工智能服务管理暂行办法》，这是全球范围内针对相关领域进行规制的首部国家层面的法律文件，为确保新技术的发展和应用向善向好提出了宝贵的中国方案。

2.8 2023年8月全球网络安全和信息化动态综述

美国发布《2024—2026财年网络安全战略计划》，致力于提升网络安全防

御能力。美、英、日、韩等国通过立法、政府投资、成立产业联盟等手段加快新兴技术战略布局，并通过制度规范、机构搭建等方式提高对算法、人工智能监管等级及技术的应对能力，监管规范与促进发展并重成为主流。

一、强化网络安全顶层设计，夯实网络安全防护基础

一是强化网络安全防护顶层设计。美国网络安全和基础设施安全局（CISA）8月4日发布了《2024—2026财年网络安全战略计划》，旨在解决近期威胁，强化技术手段，应对新技术领域的风险挑战。美国8月24日公布《2023年联邦网络安全漏洞削减法案》，要求美国白宫管理和预算办公室（OMB）牵头更新《联邦采购条例》，确保联邦承包商实施漏洞披露政策（VDP）。菲律宾信息和通信技术部提交《国家网络安全计划（2023—2028年）》，制定菲律宾在网络空间作战方面的总体战略，明确需要保护的关键基础设施以及应对网络攻击的机构的具体行动。孟加拉国内阁8月28日批准了《2023年网络安全法案》，以取代现有的《数字安全法案》，新版法案明确了不可保释的4种网络安全犯罪情形。二是组建新的网络安全机构组织。新西兰8月1日宣布将新西兰计算机应急响应小组（CERT NZ）纳入国家网络安全中心（NCSC），由此创建一个提供权威建议，并响应所有威胁级别网络事件的单一机构。印度尼西亚国家网络和加密局（BSSN）在中央政府机构成立了17个计算机安全事件响应小组（CSIRT），以应对新出现的网络威胁。日本计划2023年底前在横须贺成立一个公私合作的网络安全防御组织，将国防部和自卫队的网络安全人员增加到2万人。三是着力提高基础设施网络防御能力。美国网络安全和基础设施安全局（CISA）的联合网络防御协作组织（JCDC）8月16日发布远程监控和管理（RMM）网络防御计划，旨在加强公私合作，进一步降低国内关键基础设施面临的风险。英国国家电网计划实施“蜜罐计划”，即在网络上植入虚假文件，以此作为吸引网络黑客的诱饵，秘密监控处于潜伏阶段的网络攻击方式，提高电力基础设施的网络防御能力。

二、提高个人信息安全标准，改进数据安全防护能力

一是强化个人数据和隐私保护立法。印度《2023年数字个人数据保护法案》8月11日获得批准，法案旨在让数据委托人更严格、更好地控制各类企业、政府机构等对其个人信息的使用，后续正筹备成立数据保护委员会

（DPB）并制定相关运行规则。波兰数据保护局（UODO）8月23日发布了一份关于竞选活动中个人数据保护的指南，该指南旨在帮助政治行为者在竞选期间遵守数据保护规则。塞尔维亚政府8月25日通过了《2023—2030年个人数据保护战略》，将对《个人数据保护法》进行修订，并对基因数据处理等一些特定的数据处理领域进行规范。二是强化对超大互联网平台的数据监管。美国消费者金融保护局（CFPB）8月15日计划对跟踪和出售个人数据的公司进行监管。澳大利亚、加拿大、英国、新西兰、瑞士等国的11个数据保护和隐私机构8月24日联合发布了《关于数据收集和隐私保护的联合声明》，以解决社交媒体平台和其他可公开访问网站的数据抓取问题。英国信息专员办公室（ICO）8月对Meta旗下的Threads社交网络应用程序开展隐私调查。三是要求企业配合政府部门的数据监控需求。英国新《网络安全法》要求即时通信应用在政府需要时提供加密的私人信息。印度政府8月30日要求电信公司在海缆登陆站和数据中心安装监控设备，为其监控创建“后门”。

三、加快新兴技术战略布局，推进信息化建设蓝图

一是加大对5G、人工智能等前沿技术的投资力度。美国参议院国土安全和政府事务委员会通过《人工智能领导力可问责部署法案》，指示每个联邦机构制定人工智能战略，并设立一个首席人工智能官制定相关政策，计划建立首席人工智能官委员会以加强机构间协调。美国小企业管理局将人工智能等新兴技术作为其优先事项，旨在改善小型企业的基础设施。韩国科学技术信息通信部成立本土Open RAN产业联盟，意图挖掘国内外市场对Open RAN的需求并扩大其规模。二是加快推进宽带基础设施建设。美国政府8月21日宣布提供约6.67亿美元的新拨款和贷款，用于在美国农村建设更多的宽带基础设施。英国政府启动了一项价值4000万英镑的资助计划，资助对象是在交通、智能基础设施、制造业、农业和公共服务方面的连接技术用例，以加速地方的5G部署。印度内阁批准1490.3亿卢比扩展2015年推出的“数字印度计划”，以进一步提升数字经济水平，推动政企服务数字化，支持印度IT和电子生态系统发展。三是推动新兴技术应用。日本电信运营商KDDI与SpaceX公司达成协议，将利用二代“星链”和KDDI的全国无线频谱在日本国内提供手机卫星直连服务，计划最早于2024年提供短信服务，后续提供语音和数据服务。谷歌于8月15日发布首个可抵御量子攻击的FIDO2安全密钥方案，该方案可抵

御标准攻击和量子攻击，已被美国国家标准与技术研究院（NIST）纳入其后量子加密标准化提案。美国雪城大学联合其他国家科研机构组成的研究团队开发出基于区块链技术的新型通信网络Quarks，通过消除集中控制，从根本上防止第三方机构访问平台上交换的用户数据和消息。四是科技巨头聚焦大语言模型，引领人工智能技术发展。韩国互联网巨头Naver推出名为“HyperClova X”的超大规模人工智能大语言模型升级版本，成为ChatGPT和谷歌Bard之外的全球第三大语言学习模型。微软研究院发布Gorilla大语言模型，其准确性、灵活性等应用程序编程接口（API）调用方面均优于OpenAI研发的GPT-4。Meta公司发布大语言模型Shepherd，其可对生成文本进行评估，并提出改进建议。

四、内容安全风险隐患，多措并举提升技术保障

一是网上内容安全风险加剧。美国纽约联合广场 8 月 4 日遭数千名青年人涌入，并引发大规模冲突事件，在流媒体平台Twitch上拥有 650 万粉丝的网络名人凯・塞纳特被指控涉嫌煽动骚乱和非法集会。欧盟委员会 8 月 30 日发布报告称，社交媒体公司未能阻止俄罗斯在俄乌冲突期间“大规模散布虚假信息”。二是提升对算法、人工智能技术的监管力度。英国政府 8 月 3 日发布国家风险登记册（NRR），首次将人工智能列为英国战略风险。日本政府 8 月 4 日发布了一份指南草案，要求大公司披露有关其生成式人工智能服务的信息。越南政府 8 月起草了与互联网服务提供商合作的规则，明确分享非法内容的用户将被采取强制下线等操作。美国众议院新民主党联盟（温和派民主党人）8 月 15 日宣布成立一个人工智能工作组，旨在协调制定两党政策对人工智能进行监管，确保其以负责任和安全的方式开发和实施。三是加强内容审查的技术监控能力。日本国立情报研究所的一个团队设计出对抗深度伪造的新方法，并将该方法用于公共机构和名人的深度伪造。谷歌 8 月 10 日宣布与联合国、世界卫生组织等合作推出一款“事实核查工具”，用于核实全球互联网关于世界银行、美国联邦调查局犯罪统计、世卫组织和联合国全球变暖统计等重要数据的负面言论或报道，允许全球媒体和记者使用该工具进行验证。

五、相关启示

全球主要国家不断提升自身网络安全治理能力，加强数据安全管理，如

何平衡数据开放共享与数据安全监管成为不容忽视的现实课题。针对全球大型科技企业、互联网平台跨境数据传输，多方开始思考如何实现有效防范和制约，推动数据本地化安全存储成为主要路径。美国等国家在人工智能、半导体产业、区块链技术研究、卫星互联网等新兴领域加紧布局，并加强网信领域新技术在国防领域的应用，全球新技术新应用新业态的研究开发迎来新一轮发展浪潮。

2.9 2023 年 9 月全球网络安全和信息化动态综述

各国持续强化多主体间的网络安全协调能力，重视公私及跨部门合作，强调区域性“集体网络弹性”的构建；保护个人隐私信息及数据安全、深化互联网内容治理继续成为多国政府监管重点；人工智能、卫星互联网成为信息化发展新引擎，如何做好技术加速落地后的监管以及确保新技术应用健康发展成为全球议题。

一、各国持续强化网络安全协调能力，重视通过多主体及国家间的合作提升整体网络安全水平

在关键信息基础设施加快建设、数字设备激增的背景下，完善防范网络安全风险扩散的机制建设成为各国共识。一是强化公私及跨部门合作以增强协调防护能力。9 月，美国政府多个部门提出相关举措。如，美国国家安全电信咨询委员会呼吁成立公私合作工作组，以保护国内基础设施网络安全；美国国土安全部发布关于协调关键基础设施实体网络事件报告的建议，提出帮助私营部门更好、更快地报告和响应网络事件；美国网络空间日光浴委员会（CSC）在《2023 年度执行报告》中强调了与私营部门合作的重要性。9 月上旬，澳大利亚内政部决定将纳入“国家重要系统”计划的企业数量增加近一倍，将受到网络安全法规约束的企业数量从 87 家增加到 168 家，以更好地防范网络攻击。9 月 5 日，阿根廷科技创新部发布《第二版国家网络安全战略》，提出将建立一个网络安全管理与合作单位，负责促进不同实体之间的合作与协调。二是重视国家网络安全预警及信息共享能力。9 月 13 日，美国网络安全和基础设施安全局（CISA）召开第三季度网络安全咨询委员会会议，投票通过建立全天候国家网络安全警报系统，用于共享网络威胁预警信息。9 月 22 日，新加

坡网络安全局协调 11 个关键信息基础设施行业的领导者超过 450 人举行第五次“网络之星”演习，测试关键部门的网络危机应对能力。三是重视通过网络安全国际合作增强“集体网络弹性”。9 月 12 日，美国国防部发布《2023 年国防部网络战略》摘要，强调将通过建设盟友和合作伙伴的网络能力增强“集体网络弹性”。9 月上旬，阿拉伯国家联盟宣布成立网络安全部长委员会，该委员会负责加强成员国的网络安全合作。9 月 12 日，西非国家经济共同体（ECOWAS）在尼日利亚启动“促进西非网络安全联合平台”，将其作为实施西非经济共同体“2022—2025 年行动计划”的起点，旨在提高西非国家的网络弹性。

二、强调对个人数据安全的有效保护，强化对平台企业的监管和责任要求

9 月，发生微软人工智能研究团队被指泄露大量开源训练数据、美国学生信息中心（NSC）服务器遭入侵导致近 900 所美国高等院校学生个人信息被盗等负面事件，强化数据安全保护与监管继续成为主要政策动向。一是通过立法加强个人数据与隐私保护。9 月中旬，美国加利福尼亚州通过《删除法案》，承诺创建“一站式”网站以允许消费者只通过一次请求就可要求数据经纪人删除其个人信息。特拉华州州长正式签署《特拉华州个人数据隐私法案》，将个人数据控制权重新交到消费者手中，同时将出售儿童数据的限制从 16 岁提高到 18 岁。9 月 15 日，韩国 2011 年《个人信息保护法》（PIPA）修正案和修正后的《PIPA 执行令》生效，在增加数据主体权利的同时加强了数据控制者义务。9 月 5 日，新西兰《隐私法修正案》提交议会，包括对收集个人信息时的告知义务、对响应数据主体请求的责任问题、数据传输问题以及未成年人信息保护问题的修改。9 月 7 日，沙特阿拉伯数据与人工智能管理局发布《个人数据保护法实施条例》，适当扩展原则和义务，并对数据控制者提出新的合规要求。二是英美数据桥协议落地，跨大西洋数据跨境传输争议犹存。9 月 21 日，英国议会制定了充分性认定条例，宣布英美数据桥将于 10 月 12 日生效，两国个人数据将实现自由流动。9 月初，法国国会议员菲利普・拉托姆贝就 7 月达成的《欧盟-美国数据隐私框架》向欧盟法院提起诉讼，寻求推翻这一最新版的跨大西洋数据传输协议，认为美国不能有效保护欧洲国家的个人数据安全，该诉讼获得德国联邦议员支持。三是美欧国家和地区持续加强对科技巨头

的监管力度。9月6日，欧盟委员会根据《数字市场法》（DMA），首次指定Alphabet、亚马逊、苹果、字节跳动、Meta、微软6家企业为数据“看门人”，包括App Store、Windows PC OS等22项核心平台服务。TikTok因对儿童账户保护不足，“没有根据GDPR实施适当的技术和组织措施”，被爱尔兰隐私监管机构处以3.45亿欧元的罚款；OpenAI公司在美国旧金山面临至少两起集体诉讼，指控其违反隐私法。

三、依据本国法律深化互联网内容治理，整治虚假信息、捍卫本国网络空间安全成为主要目标

多国调整国内互联网内容治理政策举措，定义非法内容及虚假信息、应对信息领域安全威胁的重要性进一步凸显。一是更好地实现互联网自由与治理之间的平衡成为美欧国家和地区的政策焦点。9月23日，美国最高法院将“限制拜登政府接触社交媒体公司”的临时禁令延长至9月27日，以限制拜登政府官员施压社交平台对特定内容进行“限流”，捍卫美国宪法第一修正案。9月20日，加拿大和荷兰联合发布《在线信息完整性全球宣言》，呼吁避免以打击虚假信息为幌子压制言论自由的情况出现，美国、英国、韩国、澳大利亚等28个国家参与其中。9月15日，法国国民议会审议一项旨在保护和监管法国数字空间安全的法案，拟禁止法国境内用户私自使用跨境通道访问欧盟范围以外的网站。9月18日，俄罗斯联邦通信、信息技术和大众传媒监督局发布命令草案，规定了禁止违反国家互联网管理相关法律传播信息的标准，草案于2024年3月1日生效，有效期至2029年9月1日。二是强调以技术治理应对深度伪造等信息侵害。美国国家安全局（NSA）、联邦调查局、网络安全和基础设施安全局联合发布《对组织的深伪威胁》网络安全信息表，建议通过被动探测等技术检测深伪及其来源。英国议会9月19日通过的《网络安全法案》对社交媒体平台提出严格要求，敦促Meta公司在未施行儿童信息安全防护措施的情况下，不要在照片墙（Instagram）和Messenger上推出端到端加密技术，以避免未成年人信息及形象被侵害或恶意使用。

四、多国发布人工智能应用指南，更好促进人工智能健康发展成为普遍诉求

自2023年以来，人工智能技术进入发展与应用的爆发阶段，竞争日趋

激烈。一是加强人工智能技术监管。9 月，联合国发起“为人类治理人工智能”活动，计划成立一个新的人工智能高级别咨询机构，推动该项技术造福全球。七国集团（G7）同意为人工智能制定一套统一但不具约束力的国际行为准则，提交 G7 国家领导人审阅。9 月中旬，经济合作与发展组织（OECD）发表题为《生成式人工智能的初步政策考虑》的研究报告，分析了潜在影响、政策挑战和政策制定者需要解决的问题。英国反垄断监管机构竞争与市场管理局（CMA）提出了针对人工智能的 7 项原则，强调了问责制和透明度的必要性。沙特阿拉伯数据和人工智能管理局发布《人工智能道德框架 2.0》，旨在鼓励创新，同时限制人工智能系统带来的负面影响。二是积极推动人工智能在不同领域发挥促进作用。如，美国国防部高级研究计划局拟启动安全工具智能生成（INGOTS）项目和人工智能网络挑战（AIxCC），利用人工智能加强网络安全防御。英国宣布将在 2023 年 11 月的布莱切利首届人工智能安全峰会上启动“人工智能促进发展”计划，利用人工智能预测一定时间内的人道主义危机，以做好国际援助准备。德国联邦教育与研究部公布《人工智能行动计划》，提出以人工智能振兴德国经济。三是企业端人工智能服务加速落地。OpenAI 宣布将在 ChatGPT 中增加语音对话、图像互动等多模态功能；谷歌将其生成式人工智能服务 Bard 嵌入自有应用；视频会议平台 Zoom 推出生成式人工智能助手“AI Companion”；高通计划将生成式人工智能整合到移动设备芯片中；英特尔宣布将推出一款可在笔记本电脑上离线运行人工智能聊天机器人的“流星湖”（Meteor Lake）芯片，在 2024 年推出升级版“箭湖”（Arrow Lake）芯片。

五、卫星互联网成为信息化发展新引擎，技术落地后的实际监管进入多国视野

全球卫星运营商协会预计，全球通过卫星连接互联网的人数到 2030 年将达到至少 5 亿，可能给全球带来超过 2500 亿美元的经济效益。一是美欧国家和地区加紧建立卫星通信网络。美国国务院正致力于建设国家卫星通信系统，实现通过移动电话和笔记本电脑就可支撑的可靠通信网络。欧盟委员会提供 24 亿欧元资助，推动欧洲航天局建立欧洲安全卫星通信网络，计划于 2027 年全面运营。二是美国 SpaceX 公司保持全球卫星互联网服务市场主导地位。9 月 19 日，美国 SpaceX 公司成功发射第 107 批 22 颗 V2 迷你卫星，本次发射后，星链系统卫星发射数量达到 5135 颗。澳大利亚警察部队将花费 850 万美元为

地区警察局购买星链设备及服务，以实现巡逻执法的全面通信覆盖。越南通过星链获得的卫星互联网网速达到 150Mbit/s，远高于该国 35Mbit/s 的地面网速。哥斯达黎加电信监管局批准星链服务，服务范围覆盖该国大多数地区，可能成为该国网络部署的基础支柱。三是卫星互联网的安全与监管风险引发关注。伊朗通信和电信设备联盟负责人证实，已有 800 台星链终端进入该国，伊朗领导层已致信马斯克要求切断星链互联网服务。印度政府要求星链无条件分享数据存储和传输信息，只有在获得印度政府颁发的全球移动个人卫星通信服务（GMPCS）许可证的情况下，才能在印度提供太空宽带服务。

六、相关启示

随着全球网信领域新技术新应用进入高速发展期，在捍卫本国网络空间安全的前提下更好推动信息化发展，最大限度获得新兴技术红利效应，成为各国在网信领域进行政策布局和战略谋划的一项基本出发点。在国计民生重点领域建立网络安全信息共享机制的基础上，全球主要国家将进一步完善网络安全协调机制和防护体系建设，提升重点领域、行业网络安全总体水平。同时，互联网内容治理，特别是跨国社交平台、生成式人工智能产品的使用和监管，日益引起各国重视，政府监管与跨国企业之间的平衡博弈将加剧。随着人工智能、卫星互联网、量子计算等新技术加速落地应用，全球数字基础设施处于新一轮迭代周期，部分国家已经研究制定相关领域战略性规划，网信高新技术产业发展正在转化为对未来科技领域的非对称优势。

2.10 2023 年 10 月全球网络安全和信息化动态综述

随着新一轮巴以冲突在网络空间蔓延，多方势力介入，网络攻击和认知作战博弈白热化，全球网络安全面临多重挑战。生成式人工智能迭代发展伴生的相关风险和安全问题引发持续关注，人工智能监管问题成为全球关切。

一、持续提升网络风险防御能力成为重中之重

一是数据泄露事件频发，敲响警钟。美国非营利组织身份盗窃资源中心（ITRC）发布的数据显示，2023 年前 9 个月，美国共报告了 2116 起数据泄

露事件，创下年度数据泄露纪录；乌克兰计算机应急响应小组（CERT-UA）发布新报告称，代号为“沙虫”（Sandworm）的黑客组织侵入乌克兰 11 家电信运营商，导致服务中断和潜在的数据泄露；安全公司卡巴斯基 10 月 18 日发布报告披露，黑客使用恶意软件Mata发动大规模恶意攻击，以窃取东欧国防工业和石油天然气行业数十个组织的机密数据。二是各国政府不断完善网络安全监管。10 月 19 日，美国国家安全局（NSA）发布“网络安全信息表（CSI）”，其涵盖零信任安全框架，旨在使联邦机构、合作伙伴和组织能够评估系统中的设备安全性，并更好地应对与关键资源相关的风险；美国国防部 10 月 23 日对各军种部门和国防机构的 43 个零信任网络安全框架实施计划开展评估，以跟踪各机构在网络风险管理与数据安全共享方面的落实情况；日本政府 10 月 5 日公布一份关键基础设施运营企业名单，将对 209 家企业启动网络安全审查，落实《经济安全保障推进法》相关要求；新加坡网络安全局（CSA）10 月 16 日发布与新加坡警方合作开发勒索软件门户的计划，将建立一站式门户网站，为寻求支持的勒索软件受害者提供援助，同时为机构组织提供与勒索软件相关的资源。三是美国进一步开展国家间网络安全合作行动。10 月 16 日，美国网络安全和基础设施安全局（CISA）与 17 个美国机构及英国、澳大利亚等国际合作伙伴联合发布新版指南《调整网络安全风险的平衡：软件设计安全的原则和方法》，进一步细化和扩展安全设计原则和指导方案；英国宣布加入美国、加拿大、澳大利亚和日本联合组成的新全球电信联盟（GCOT），以保护电信网络免受包括网络威胁在内的一系列威胁；10 月 17 日，日本加入美国、英国和以色列等 13 国支持的网络安全框架，以确保软件制造商的产品免受网络攻击。

二、新一轮巴以冲突加剧全球网络空间紧张态势

一是黑客攻击介入冲突引发关注。俄罗斯黑客组织Killnet 10 月 8 日开始针对所有以色列政府系统展开DDoS攻击，一度造成以色列政府和国家安全局官网停摆；美国《安全周刊》杂志 10 月 9 日消息称，“孟加拉国神秘团队”“匿名者苏丹”“网络行动联盟”等多个黑客组织发动网络攻击介入巴以冲突，对以色列和巴勒斯坦数字基础设施开展网络攻击；10 月 11 日，以色列网络安全公司Check Point称，黑客侵入以色列的街边智能广告牌，张贴支持对手的信息和图片，以色列公民的手机和WhatsApp上也收到了来自也门和阿富

汗号码的威胁信息。二是双方开展认知战，致使多平台虚假信息泛滥。阿联酋媒体“The National”10月26日称，以色列是第一个在战时利用付费社交媒体广告来扩大其信息传播的国家，导致大量描绘持续动荡的视频和照片充斥在社交媒体平台中；美国新闻评级组织NewsGuard报道称，关于巴以冲突的信息、图文、视频被不断加工篡改，在脸谱网、Instagram和TikTok等社交网络上泛滥；美国《华盛顿邮报》报道称，“洪水般”的虚假信息塑造了外界对巴以冲突的判断。三是多组织机构及社交平台采取措施应对涉巴以冲突的内容。欧盟10月10日因巴以冲突虚假信息启动对社交网站X的调查，敦促马斯克处理虚假信息传播，并对TikTok和优兔等平台发布警告，要求其遵守欧盟《数字服务法》；红十字国际委员会10月5日首次公布参与战争的民间黑客的交战规则，提出在武装冲突背景下开展网络行动的平民黑客必须遵守的8条基于国际人道法的规则；Meta公司10月18日发布一项临时措施，旨在限制其平台上出现与巴以冲突相关的有害和潜在有害内容。

三、将人工智能治理问题纳入整体规划

一是聚焦人工智能安全问题。10月30日，美国总统拜登签署了一项关于人工智能（AI）的行政命令，为AI建立安全和隐私保护标准，并要求开发人员对AI新模型进行安全测试；近期，欧盟考虑对OpenAI、Meta的Llama 2和OpenAI的ChatGPT-4等人工智能系统运营商巨头实施更严格的监管，在2023年年底前完成相关立法。二是出台人工智能指导原则。法国国家信息与自由委员会（CNIL）10月21日发布“尊重隐私的人工智能创新指导原则”，旨在引导AI系统的开发中数据集的创建，以确保创新与个人隐私的平衡；荷兰和联合国教科文组织（UNESCO）10月5日启动一个名为“主管当局监管AI”的计划，帮助欧洲国家机构为监督AI做好准备，并整理出“最佳实践”建议清单；七国集团（G7）10月9日在联合国京都互联网治理论坛（IGF）期间举行广岛人工智能进程非正式会议，拟针对生成式AI开发者，制定国际指导方针及行为准则；东盟国家计划推出《人工智能道德与治理指南》草案，该指南已向Meta、IBM和谷歌等科技公司征求意见，致力于平衡AI技术的经济利益和众多风险。三是增设人工智能监管机构。美国新泽西州州长10月10日授权成立AI特别工作组以研究迅速兴起的AI技术，并建议州政府鼓励合乎道德的AI使用方法；英国首相苏纳克10月26日宣布，英国将建立世界上第一个AI安全

研究所，旨在提高对AI安全的认识，仔细检查、评估和测试新型AI，探索从偏见和错误信息等危害到最极端风险的各种风险；10 月 5 日，韩国个人信息保护委员会（PIPC）宣布成立AI隐私工作组作为公私部门在AI隐私领域沟通与合作的中心，为AI企业提供法律解释和咨询；10 月 26 日，联合国秘书长古特雷斯宣布成立一个由 39 名成员组成的咨询机构，为国际社会加强对AI的治理提供支持。

四、加快前沿技术战略布局

一是大力研究部署卫星互联网应用。欧洲航天局（ESA）与SpaceX公司签署一项协议，欧洲将依靠SpaceX的火箭将数颗伽利略导航卫星发射到轨道上，标志着欧盟和美国私营太空公司首次合作，发射包含机密设备的卫星；10 月 10 日，伊朗航天局（ISA）表示，伊朗首个卫星“烈士苏莱马尼”将在未来两年内送入轨道，它将在近地轨道（LEO）为国家机构、私营企业和普通民众提供优质服务；亚马逊 10 月 6 日发射两颗测试卫星，并计划通过“星链”竞争项目最终在地球上部署 3236 颗卫星，于 2024 年年底开始提供服务；全球最大的集装箱承运输公司马士基航运公司近日与SpaceX公司签署一项协议，计划在 330 艘集装箱货轮上安装“星链”卫星互联网服务终端。二是积极发展高性能计算和量子技术。欧洲高性能计算联合企业（EuroHPC JU）10 月 3 日发起招标，将在欧盟建立一个世界领先的联合、安全的高性能计算和量子基础设施生态系统，以支持欧洲科学和工业关键技能的发展；俄罗斯计划到 2030 年建造十余台超级计算机，每台超级计算机能容纳 1 万至 1.5 万个英伟达H100 GPU，将为俄罗斯提供类似用于训练ChatGPT等大语言模型的性能。三是不断提升数字治理能效。欧盟内部市场专员蒂埃里 · 布雷顿 10 月 10 日公布欧盟电信立法《数字网络法案》的核心提案，支持成员国电信运营商的高度集中化，解决市场分散问题，吸引投资并确保电信基础设施的安全；10 月 18 日，欧洲议会投票通过《签证数字化法》，将申根签证申请流程数字化，以减少提交申请所需的工作量并降低成本，同时提高签证材料的安全性；10 月 9 日，阿联酋人工智能、数字经济和远程工作应用办公室与迪拜经济和旅游部合作推出了《负责任的元宇宙自我治理框架》白皮书，旨在阐明元宇宙自我监管的拟议原则，并强调元宇宙在各个领域的关键用途，以确保元宇宙经济健康增长，加强阿联酋在数字领域的全球领导地位。

五、相关启示

在俄乌冲突、新一轮巴以冲突的影响下，各国在不断加强网络安全保障和数据安全保护的基础上，将提升自身网络威胁防御能力视为重中之重，客观上加剧了各国在数字发展方面的封闭性和保守主义，也推动国际社会继续在不确定性的世界中寻求确定性的答案，为促进网络安全国际合作、携手共建网络空间命运共同体提供了现实依据。网络攻防战、认知作战等在全球范围内出现外溢倾向，这在一定程度上对国际舆论场以及各国认知形成消极影响。

2.11 2023年11月全球网络安全和信息化动态综述

各国重视通过公私合作和跨国、跨部门等方式细化网络安全监管举措。在数据与隐私保护领域持续加强顶层设计，谋求提升数据治理效能与弹性。同时，各监管机构加大对人工智能技术的关注，尤其是该技术对网络内容安全的影响。

一、多国政府持续加强人工智能技术监管

11月1日，英国人工智能安全峰会在英国布莱切利公园开幕，出席会议的28个国家签署《布莱切利宣言》，同意共同了解、集体管理人工智能的潜在风险，确保以安全、负责任的方式开发和部署人工智能技术，造福全球社会。11月14日，美国网络安全和基础设施安全局（CISA）发布《人工智能路线图》，列出支持政府人工智能目标的5项计划以更好地建立机器学习技术监管水平。11月27日，包括G7所有成员国在内的18个国家共同发布了《安全人工智能系统开发指南》，敦促设计和使用人工智能的公司以保护客户和更广泛公众安全的方式来开发和部署人工智能，以提高人工智能的网络安全水平。11月24日，科技政策组织“数字欧洲”发布联合声明表示，欧盟对人工智能的拟议监管仍存在问题，限制组织（尤其是初创公司）利用基础模型的能力可能会影响整个联盟的长期创新，并损害与全球对手的竞争。

二、深度伪造技术威胁内容安全，虚假信息治理亟待加强

一是基于人工智能的深度伪造、虚假信息泛滥威胁国家安全。11月2日，

日本一名男子借助人工智能技术制作的日本首相岸田文雄的假视频在网上疯传，视频制作全程只花了一小时。日本总务省警告，虚假和错误信息的传播会造成社会分裂，进而导致民主危机。11 月 14 日，英国国家网络安全中心（NCSC）发出警告，人工智能的进步对英国下一届大选的公正性构成了日益严重的威胁，越来越逼真的深度伪造视频和其他形式的虚假信息将影响选民偏好。美国媒体集团 Axios 和美国商业情报公司晨间咨询民调显示，超过 50% 的美国人认为人工智能促成的虚假信息将影响 2024 年大选结果。二是从立法和技术层面加强虚假信息治理。11 月 13 日，澳大利亚政府称将全面修订一项针对网络错误和虚假信息的法律草案，根据该草案的征求意见稿，将允许澳大利亚通信和媒体管理局（ACMA）要求社交媒体加强对"服务提供中可能造成或促成严重伤害的虚假、误导或欺骗性内容"的管理。11 月 27 日，数字合作组织（DCO）发布题为《从社交媒体到真相：为繁荣的数字经济反击错误信息》的白皮书，强调了网络虚假信息对数字经济的负面影响以及打击此类信息的方法和工具。

三、持续加强网络空间安全保障，聚焦防御与合作

一是加强网络安全顶层设计。11 月 16 日，美国联邦首席信息安全官克里斯·德鲁沙表示，美国政府正在制定"2.0 版"网络实施计划，称保护关键基础设施是首要任务，并将提出"积极、可实现的愿景"来管理与网络相关的风险。11 月 17 日，美国网络安全和基础设施安全局（CISA）宣布推出新的网络安全共享服务试点计划，将自愿为医疗、供水和 K-12 教育等关键基础设施实体提供尖端的网络安全共享服务。11 月 24 日，澳大利亚宣布了一项旨在"改变游戏规则"的国家网络安全战略，重点关注澳大利亚关键基础设施弹性、网络解决方案以及相关协调方法步骤，以提高该国应对日益增加的数字网络攻击的能力。二是加强机构建设及人才培养。11 月 1 日，希腊数字治理部提出一项成立国家网络安全局的法案，旨在有效预防和管理网络攻击，发展希腊的网络安全生态系统。美国白宫与国会积极合作，以期落实拜登政府的《国家网络劳动力和教育战略》，制定立法，建立一个网络劳动力发展研究所。三是美欧强化区域网络安全合作。11 月 1 日，美国拜登政府在华盛顿召开第三届国际反勒索软件倡议峰会，通过共享信息来提高网络安全，并反击勒索软件攻击者。11 月 6 日，韩国总统办公室发表声明称，为应对朝鲜网络威胁，美

韩日三国将成立一个网络问题高级别协商机构。11月13日，欧盟网络安全局（ENISA）、乌克兰国家网络安全协调中心（NCCC）和乌克兰国家特殊通信和信息保护服务管理局（SSSCIP）正式签署网络安全合作新协议，旨在改善信息共享和能力建设。

四、多举措推进和完善数据治理体系，维护隐私安全

一是加强数据与隐私保护的政策立法。11月9日和27日，欧盟《数据法案》先后在欧洲议会及欧盟理事会获得通过，该法案规定制造商和服务提供商有义务让其用户（无论是公司还是个人）访问和重复使用其产品或服务产生的数据，并允许用户与第三方共享数据，以确保数字环境下数据价值在参与者之间实现公平分配、刺激竞争激烈的数据市场，并为数据驱动的创新提供机会。11月4日，美国联邦贸易委员会（FTC）批准《保护客户信息标准规则修正案》，修正案明确了“客户信息”的定义范畴，包含“个人信息”和“非公开、个人可识别的财务信息”；扩大“通知事件”的报告义务，要求非银行金融机构必须向FTC报告未经授权获取超500人数据的事件，履行数据泄露事件的报告义务，报告时间不得迟于事件发现后30日。11月29日，孟加拉国内阁通过了《2023年个人数据保护法案》，法案规定了诸如“数据受托人”“处理器”“基因数据”“化名数据”和“生物识别数据”等关键定义，还规定了数据保护原则、数据保留要求、数据控制者和处理者的义务，以及数据主体和儿童的权利，同时列出了包括新闻、艺术和文学目的等适用豁免的情形。二是加强对跨境数据流动的监管。11月20日，英国科学、创新与技术部（DSIT）发布题为《走向国际数据传输的可持续、多边和通用解决方案》的报告，建议在短期、中期和长期采取行动，为国际数据传输制定全球框架，在数据保护和跨境数据流动的好处之间取得平衡。11月15日，欧盟委员会宣布欧盟成员国和非洲、加勒比和太平洋地区国家集团（OACPS）79个成员国签署《萨摩亚协议》，称各方应合作推动促进数据流动的措施，应对技术给社会带来的潜在影响，解决与网络安全相关的问题。三是多个国家和组织着手从技术层面保障用户数据与隐私。11月1日，欧洲数据保护委员会（EDPB）发表声明，要求Meta永久禁止使用“行为广告”模式（即使用位置或浏览行为等数据进行广告推送的模式）以符合《通用数据保护条例》（GDPR）的监管要求。11月15日，欧洲议会和欧洲理事会达成临时协议，规定以欧盟公民为目标的竞选活动的政治广告

必须获得公民的许可才能使用其数据进行定位，违规者将面临最高相当于其年收入6%的罚款。11月21日，英国信息专员办公室（ICO）警告称，英国一些访问量大的网站没有让用户选择是否开启个性化广告跟踪，如果这些网站不停止强迫访问者接受广告Cookie，将面临执法行动。11月22日，意大利数据保护机构发表声明，宣布启动对在线收集大量个人数据用于训练AI算法的做法进行事实调查，此次审查的目的是评估在线网站是否制定了“充分的措施”来防止人工智能平台为算法收集大量个人数据，也称之为数据抓取。

五、多国加速信息化战略布局，推动新兴技术研究与应用

一是加速本国量子技术发展。11月29日，美国众议院委员会投票通过《国家量子倡议法案》（NQI法案）的重新授权，并将其提交众议院审议。11月22日，英国财政大臣在秋季声明中推出了5项新的量子任务，旨在激励学术界、工业界和私人投资者投入时间和资源，在未来15年内实现关键里程碑，以确保英国在该技术领域的世界领先地位。11月15日，爱尔兰发布名为《量子2030》的首个国家级量子技术战略，聚焦量子技术新兴增长领域，计划利用和协调现有资源，促进爱尔兰在第二次量子革命中的战略利益，同时提出了到2030年推动爱尔兰成为具有国际竞争力的量子技术中心的战略目标。二是多个平台着手研究和训练自己的AI模型。11月5日，马斯克的人工智能新创公司xAI公布了其首个AI聊天机器人Grok。目前Grok处于早期测试阶段，测试结束后，Grok会向X平台的Premium+订阅用户开放。11月16日，金山办公宣布旗下人工智能办公应用“WPS AI”开启公测，AI功能面向全体用户陆续开放体验。但其发布的《WPS隐私政策》中对用户文档处理方式的描述引发了争议。该隐私政策指出，将对用户主动上传的文档材料，在采取脱敏处理后作为AI训练的基础材料使用。11月28日，亚马逊发布了面向其云平台（AWS）客户的人工智能聊天机器人“Q”，与OpenAI公司的ChatGPT、谷歌的Bard和微软的Copilot展开直接竞争。

六、相关启示

网络和数据安全继续成为全球各国关注的重点，主要国家持续强化区域网络安全合作。从基础合作框架看，以联合国多边机制为核心的对话与合作，仍然是推动实现网络空间安全共同目标的基石。同时，人工智能技术快速发展带

来的虚假信息、深度伪造等伴生风险，已经成为世界各国面临的重大安全问题。中国、欧盟等在推进相关领域立法监管方面走在世界前列，有望在携手应对相关风险、促进共同发展方面形成示范效应。

2.12 2023 年 12 月全球网络安全和信息化动态综述

美欧等国家和地区相继出台政策立法，不断提升政府和关键行业网络安全水平；各国不断强化全球和区域网络安全合作，提升防范应对网络攻击的能力。七国集团发布关于可信数据自由流动的声明，进一步推动数据规范跨境流动。各国持续加大对人工智能等新兴技术的研发应用力度，同时积极加强人工智能监管和网络社交平台内容监管。

一、持续加强网络安全法规，提升网络安全防御能力

一是加快推进网络空间安全立法和战略规划。欧洲议会和欧盟理事会 12 月 3 日就《网络弹性法案》（CRA）达成政治协议，旨在为欧盟内联网设备制造商引入安全要求，这是此类立法中的首创；欧洲议会 12 月 7 日通过《网络团结法案》，旨在加强网络安全事件监测、感知态势变化和提升响应能力。巴西总统卢拉签署制定国家网络安全政策法令，旨在促进该国网络安全，加强对网络犯罪的打击行动。巴基斯坦电信管理局 12 月 12 日发布《电信行业网络安全战略（2023—2028）》，旨在提高该国网络安全能力和数字弹性。二是深入推进网络安全国际合作。美日澳印 12 月 5 日至 6 日举行“四方安全对话高级网络组第三次会议”，重申利用各自优势和资源落实四方倡议，构建更安全的网络空间。美日韩举行虚拟峰会，承诺制定应对朝鲜网络威胁的统一战略并采取共同打击行动。英国与欧盟 12 月 14 日举行首次网络对话，就网络安全、数字身份、网络弹性、能力建设等政策交换意见，双方将加强在全球网络治理和多边论坛方面的国际合作。三是地区军事冲突蔓延至网络空间。俄罗斯塔斯社 12 月 29 日报道，俄罗斯总统普京的竞选网站刚投入使用就遭到多起境外分布式拒绝服务攻击，网站目前工作正常。以色列国家网络局发布报告称，针对以色列的网络攻击不断增加，攻击者试图以攻击造成中断和损害。四是加大网络安全新技术新应用研发力度。美国白宫官员表示，“网络信任标志”计划有望在

2024 年年底前正式发布，该计划旨在给智能设备贴上符合政府安全标准的产品标签；美国国防部 12 月 26 日发布“网络安全成熟度模型认证”（CMMC）计划拟议规则，旨在确保国防承包商符合信息保护要求；美国能源部推出增强操作技术（OT）网络安全新工具，通过全面感知威胁降低网络攻击风险。马来西亚科技创新部制定《网络安全技术路线图（2024—2029）》，为该国未来网络安全研发提供愿景使命和全面框架，框架重点关注应用与安全、数据、技术和政策 4 个关键领域。五是预测 2024 年网络安全将面临更严峻的形势。以色列Check Point公司预测，黑客将瞄准云端以获取人工智能资源，针对供应链和关键基础设施的攻击将加剧；美国网络安全公司飞塔预测，高级持续性威胁（APT）组织的活动将显著增加，5G基础设施将成为网络攻击的新目标，进一步影响关键性行业。

二、强化数据安全保护，社交媒体隐私保护持续引发担忧

一是完善数据跨境流动和信息保护规则。七国集团数字与技术部部长会议 12 月 1 日举行，讨论了广岛人工智能进程和可信数据自由流动（DFFT），以及七国集团建立伙伴关系制度安排（IAP）新机制以推进DFFT的建议，通过《关于实施“可信数据自由流动”的声明》。美国联邦通信委员会 12 月 13 日通过数据泄露规则变更，扩大数据泄露的定义和运营商报告义务。韩国个人信息保护委员会 12 月 27 日公布《个人信息保护指南》，就处理个人信息、防范信息纠纷、保护数据主体权利提出多项建议。二是数据泄露态势依然严峻。苹果公司 12 月 7 日发布报告指出，2021—2022 年全球有 26 亿条数据遭泄露，2023 年前三季度违规行为较 2022 年全年增加 20%。美国爱达荷国家实验室（INL）证实，攻击者 11 月 20 日入侵其人力资源管理平台，窃取超过 4.5 万人的个人数据。印度国有电信运营商BSNL据称遭受数据泄露，包括光纤和固定电话用户的敏感信息在暗网上被出售。三是社交媒体数据收集行为引担忧。荷兰消费者权益组织起诉Adobe非法跟踪和共享数百万荷兰公民的个人数据。全球IT市场研究和咨询公司Gartner预测，到 2025 年，五成用户将大幅减少或放弃社交媒体互动，七成消费者认为人工智能在社交媒体平台上盛行将损害用户体验。

三、人工智能加速发展，亟须创新合作与合规监管并重

一是加强人工智能的规范发展。联合国大会通过首个关于人工智能武器的

决议，强调迫切需要解决致命自主武器系统带来的挑战和关切；联合国人工智能咨询机构12月21日发布“为人类治理人工智能”初步报告，重点关注人工智能的复杂性、不透明性和分散性等挑战。欧盟12月8日就《人工智能法案》达成协议，同意对生成式人工智能工具实施控制措施。荷兰数据保护局12月21日公布2024年计划，重点聚焦算法和人工智能等领域。乌克兰公布了人工智能监管国家计划，寻求在创新和安全之间取得平衡。印度尼西亚通信和信息部正在制定《负责任的人工智能路线图》，旨在通过法规建设，为人工智能发展创造有利环境，确保人工智能遵守必要的价值观、伦理。全球人工智能合作伙伴关系（GPAI）2023年峰会12月12日至14日在印度新德里举行并通过部长级宣言，重申“致力于培育与民主价值观、人权和创新相一致的可靠人工智能”。二是业界加快人工智能研发应用。美国OpenAI公司预计于2024年发布ChatGPT-5应用，实现与人工智能的语音交互；思科公司宣布推出一款新人工智能安全助手，旨在通过提供高级数据分析、策略建议和自动任务管理强化网络安全；谋智基金会宣布推出“Llamafile”新开源计划，实现在个人硬件上运行大语言模型。印度公司Ola推出印度首个人工智能大语言模型“Krutrim”。巴西南部城市阿雷格里港市议会批准了有史以来首部由ChatGPT起草的立法。三是人工智能安全风险日益凸显。英国公司DeepMind、美国华盛顿大学等的专家研究发现，当前绝大多数大语言模型的训练数据可被恢复，黑客可以通过查询模型有效提取相关数据；英国网络安全公司Sophos称，尽管人工智能在网络犯罪中的应用还处于起步阶段，但其在网络欺诈中的潜力引发了新的担忧。

四、社交媒体平台内容监管面临挑战

美国国务院“全球参与中心”被法庭和国会指控“迫使脸谱网、YouTube、X平台等社交媒体巨头审查美国人”，违反美国宪法第一修正案。美国“Medium”网站称，Web3.0将颠覆传统社交媒体平台，用户将能参与平台治理和开发，并影响平台内容和社区互动。欧盟理事会与欧洲议会就《欧洲媒体自由法案》达成临时政治协议，旨在保护欧盟的媒体自由、媒体多元化和编辑独立性。

五、相关启示

各国纷纷加强对人工智能技术的研发应用，重塑海量数据价值，人工智能正向各行业各领域加速渗透，全球人工智能研发应用与监管规则发展齐头并进，各方需深度考量如何兼顾促进创新与加强监管，审慎研究和应对其可能带来的新课题新风险。从国际舆论场形势看，主要国家媒体、机构在全球范围内长期拥有认知优势的情形正在发生变化，国际局势动荡因素叠加全球信息化程度的不断提升，逐渐形成了扰乱、干预、治理共存的复杂局面。

第 3 章

部分国家和组织重要战略立法评述

3.1 美国发布新版《国家网络安全战略》
3.2 美国国防部发布《2023 年国防部网络战略》公开版概要
3.3 美国国防部发布《数据、分析和人工智能应用战略》
3.4 美国总统拜登签署颁布《关于安全、可靠、值得信赖地开发和使用人工智能的行政命令》
3.5 美国国家情报总监办公室发布 2023 年《国家情报战略》
3.6 欧盟正式通过《数据法》并生效
3.7 欧盟通过《人工智能法案》
3.8 欧盟委员会提出《网络团结法案》提案
3.9 欧盟委员会通过《欧盟－美国数据隐私框架》充分性决定
3.10 英国《在线安全法案》获批正式成为法律
3.11 英国发布《国家量子战略》
3.12 印度通过《2023 年数字个人数据保护法案》

3.1 美国发布新版《国家网络安全战略》

2023年3月2日，拜登政府发布新版《国家网络安全战略》（也称《2023年国家网络安全战略》，以下简称新版《战略》），提出五大支柱共27项举措，旨在建立一个更具有内在防御能力和弹性的未来数字生态系统。作为美国政府5年来首份网络安全战略文件，新版《战略》围绕保卫关键基础设施、挫败和打击威胁行动者、塑造市场力量、投资打造富有弹性的数字未来、建立国际伙伴关系展开，囊括了当前美国政府在网络安全领域的优先事项和具体路线图。

一、基本情况

（一）出台背景

长期以来，美国凭借主导全球互联网建设的先发优势，在全球互联网和数字经济发展中占据领先地位。随着世界进入万物互联的数字文明新阶段，网信技术应用、系统变得更加复杂，遭受网络攻击和恶意行为等威胁的风险也随之提高，这给各国网络安全带来系统性风险。根据白宫发布的报告，2023年美国联邦机构报告的网络安全事件数量高达32211起，同比增长9.9%，其中包括卫生与公众服务部遭受勒索软件攻击、财政部数据集被连续披露、内政部隐私数据大规模泄露等11起重大事件。

自拜登政府成立以来，美国陆续采取一系列举措加强其网络威胁应对能力，包括任命白宫高级网络安全官员、签署旨在改善国家网络安全的行政命令等。总的来看，美国网络空间防御体系建设不断取得进展，但在形成协调机制和调动多方力量方面仍存在一定不足，个人、小企业、地方政府以及基础设施运营商的资源有限，却承担着应对网络风险的主要责任，影响了美国整体网络防御弹性的提升。作为国家层面的网络安全战略文件，新版《战略》以重新平衡网络安全责任为出发点，强调建立公共和私营部门之间强有力的合作以应对系统性挑战，提倡与盟友和伙伴国家合作制定网络空间行为规范，旨在为强化美国网络空间主导地位和影响力提供行动指南。

（二）要点摘编

全面提升美国关键基础设施网络安全防御能力。新版《战略》提出，联邦政府应实施持久有效的协作防御模式，公平分配风险和责任，并为美国的数字生态系统提供基本的安全性和弹性。一是创立网络安全法规，协调精简现有法规，打造现代而灵活的网络安全监管框架；二是扩大政企合作机制，引导私营部门加强数据共享和安全协调；三是以联邦各机构的网络安全中心为节点，整合国土防御、执法、情报、外交、经济、军事等方面的政府能力；四是更新联邦层面事件响应计划和流程，为国土安全部下属网络安全审查委员会（CSRB）提供对重大事件进行全面审查的权力；五是根据零信任原则，推动联邦网络防御系统现代化，特别是保护存有最敏感数据的国家安全系统（NSS）。

动用“一切国家力量”挫败和打击威胁行动者。一是由美国国防部制定新的部门网络战略以整合各相关部门行动，同时围绕国家网络调查联合任务小组（NCIJTF）打造挫败恶意攻击的多机构协调中心；二是发挥私营部门的技术能力和独特视角优势，鼓励其组建业务合作联盟，配合政府协调应对网络安全威胁；三是提升网络威胁情报共享的速度和规模，研究公私部门共享安全警告、技术指标、威胁背景等信息的机制；四是与云服务商等互联网基础设施供应商合作，快速识别恶意使用美国基础设施从事犯罪活动的行为，确保基础设施不被滥用；五是打击网络犯罪和勒索软件，具体包括孤立那些庇护犯罪分子的国家，从而打击勒索软件生态系统、调查勒索软件犯罪、增强关键基础设施抵御攻击能力以及解决滥用虚拟货币洗钱的问题。

塑造市场力量以驱动安全性和弹性。新版《战略》提出，通过塑造市场力量，让数字生态系统中最有能力降低风险的人承担责任，增强系统的安全性和弹性。一是通过立法明确数据管理者的责任，为地理位置和健康信息等敏感数据提供强有力的保护；二是改善物联网网络安全，推进物联网安全标签计划；三是通过立法手段明确软件产品和服务的责任，让提供不安全软件产品和服务的实体承担责任；四是通过联邦拨款和其他激励措施加强安全投入，以技术援助等方式支持网络安全建设，优先资助加强关键基础设施网络安全和弹性的项目；五是完善联邦采购机制，探索建立新的网络安全标准和安全测试方法；六是评估联邦网络安全保险需求，应对灾难性网络安全事件。

投资于更富有弹性的数字生态系统。新版《战略》提出，建立一个更安全、更有弹性、保护隐私和公平的数字生态系统，保持美国作为下一代技术和基础设施领域全球最重要创新者的领导地位。一是清理数字生态系统漏洞，持续参与标准制定流程，确保技术标准产生更安全、更有弹性的技术；二是重振联邦政府对网络安全研发的重视和投入，积极预防和降低当前和下一代技术中的网络安全风险；三是优先考虑加快投资，广泛替换容易被量子计算机破坏的硬件、软件和服务，为“后量子时代”做好准备；四是采用新一代互联的软硬件系统以增强美国电网的安全性、弹性和效率，确保未来清洁能源电网的安全；五是支持发展数字身份生态系统，鼓励和支持投资强大的、可验证的数字身份解决方案；六是制定加强网络劳动力的国家战略，加强网络安全人才储备。

建立国际伙伴关系以追求共同目标。新版《战略》呼吁建立广泛的联盟，维护一个开放、自由、全球性、可互操作、可靠和安全的互联网。一是在美日印澳“四方安全对话”机制、美英澳三边安全伙伴关系、美欧贸易和技术委员会等现有机制的基础上，建立联盟以应对共同威胁；二是开展协调有效的国际网络能力建设与合作，提升伙伴国家的网络安全能力；三是扩大美国对外网络安全援助能力，帮助盟友和伙伴国家调查、应对重大网络攻击，并从事件中恢复；四是与盟友和伙伴合作强化网络空间国际规范效能，联合采用外交孤立、经济打击、网络对抗、执法措施等手段对“未能履行承诺的不负责任国家”进行制裁；五是保障信息、通信和业务技术产品和服务的全球供应链，将供应链转移到伙伴国家和可信赖的供应商。

新版《战略》还提出，为完成上述愿景，美国将在网络空间安全的角色分配、责任和资源方面做出两项根本性调整。一是重新平衡网络空间保护责任。强调加强政府对网络安全的监管，并强化政企合作，明确提出必须要求更多最有能力、最有优势的行动者来确保数字生态系统的安全性和弹性。二是调整激励机制。强调以合作、公平和互利的方式建立一个更具有内在防御能力和弹性的未来数字生态系统，并提出必须确保市场力量和公共计划参与到网络安全的投资和激励机制中。

二、内容简析

（一）在网络安全层面，持续推动网络防御“先发制人”

新版《战略》提出，将在全球范围提升和扩展能够打击威胁来源的行动能力，称“国防部的前瞻性防御战略有助于深入了解威胁者”，“在恶意活动影响其预定目标之前将其摧毁”。这一部署延续了美国的“进攻性网络安全政策”，即通过美军网络司令部的“前出狩猎”行动等措施，报复针对美国的网络攻击或开展“先发制人”行动。此外，新版《战略》提及美国国防部将制定新版网络战略，国防部 2023 年 9 月即发布其网络战略公开版概要，这是自 2018 年以来首次更新相关战略，显示出美国加快网络空间战略部署及行动指南更新的总体态势。

（二）在新兴技术层面，注重“投资研发”与“技术标准”以确保自身技术优势

新版《战略》强调以技术优势确保美国安全，提出将加大包括网络技术、人工智能和量子技术在内的一系列新兴技术的投资力度；提出“在开发和部署关键和新兴网络安全技术的同时，优化技术，从而在创新方面超越其他国家”。强调多方合作，以“保持技术优势、保护安全、推动经济竞争力、促进数字贸易”，并确保技术标准符合美国原则。同时，新版《战略》强调技术、产品供应链给美国带来的安全威胁，称“来自不可信供应商的关键外国产品和服务，给数字生态系统带来系统性风险”，提出“需要国内外公共和私营部门的长期战略合作，以重新平衡全球供应链”。在此影响下，全球技术、标准竞争可能进入常态化、长期化态势，网信领域新兴技术竞争在大国竞争中的比重将继续上升。

（三）在国际规则层面，试图重塑网信领域联盟关系以获得数字规则主导权

新版《战略》把“建立国际合作伙伴关系，谋求共同目标”作为五大支柱之一，试图打造包括数据使用规则、便利数据贸易、便利数字通关等在内的一系列涵盖范围广泛的数字经济贸易准则，继续巩固和扩大美国在全球数字经济中的主导地位。从“建立一个更具有内在防御能力和弹性的数字生态系统”到“建立一个广泛的国家联盟”，其目的在于“维护一个开放、自由、全球性、可互操作、可靠和安全的互联网”。这表明，美国将在全球范围内坚持扩大其互联网发展治理理念，不断强化网络空间国际话语权和影响力。

三、相关启示

新版《战略》体现出拜登政府对维持美国网络空间优势地位的高度重视，同时也反映出其网络政策日益趋向对内加强协同防御、对外获取主导权的总体布局。美国通过在网络空间划定战略对手，作出一系列主动性、竞争性的战略部署，可能推动国家间网络空间博弈热度进一步上升。预计新版《战略》发布后的一段时期内，以相关规划和部署为重心，美国相关部门将陆续推出相应战略规划、配套举措。同时，新版《战略》强调赋予供应商更多网络安全责任，重视长效资金引导以及巩固技术优势，或启示全球主要国家继续加强网络安全责任主体建设，构建网信领域技术长期投资机制，为打造更加全面和有韧性的数字生态系统作出相应部署。

3.2 美国国防部发布《2023 年国防部网络战略》公开版概要

2023 年 9 月 12 日，美国国防部发布《2023 年国防部网络战略》公开版概要（以下称《网络战略》），提出美国国防部将最大限度地发挥网络能力，将网络能力融入作战能力中，并与其他国家力量工具协同运用，从而支持实现美国国防战略中的“综合威慑”。这是美国国防部 2018 年以来首次更新相关战略，结合了俄乌冲突中对网络能力的运用经验，是了解美国网络空间作战认知及部署的重要窗口。

一、基本情况

（一）出台背景

《网络战略》是美国国防部落实《2022 年国家安全战略》《2022 年国防战略》以及《2023 年国家网络安全战略》优先事项的基准文件，以《2018 年国防部网络战略》为基础补充完善而成，于 2023 年 5 月发布非公开版本，9 月发布公开版概要，旨在为美国国防部确定新的网络空间战略方向。《网络战略》中提到，美国正面临着全球恶意网络行为者的挑战，相关威胁行为体试图利用美国的技术漏洞破坏美国军队的竞争优势，瞄准美国关键基础设施并危及美国民众，防御和消除相关网络威胁是美国国防部的紧迫事项。

（二）要点摘编

《网络战略》从当前网络空间各国激烈的竞争形势出发，借鉴多年来美国国防部重要网络空间行动的实际经验以及从俄乌冲突中得到的经验教训，提出四方面主要优先事项。

优先事项一：捍卫国家网络安全，将应对国家级网络威胁列为最优先事项。美国国防部将通过增强网络空间面向外部的能力实现内部防御，同时加强与跨部门合作伙伴的协调应对。具体措施包括：一是在网络空间内开展行动，跟踪恶意网络行为者的组织形式、能力和意图，对网络威胁形成全面认知，增强国家网络弹性；二是通过持续破坏恶意网络行为者活动并削弱其生态系统实施防御；三是改善美国关键基础设施系统的网络安全，确保国防部的资源、专业知识和情报能够支持私营部门作出关键决策，支持和加强网络防御整体响应；四是利用建立公私合作伙伴关系、加强信息共享和落实网络安全要求，确保国防工业基础的网络安全。

优先事项二：时刻准备进行网络战，并确保美国具备赢得国家间网络战争的能力。国防部将通过一系列网络空间行动支持和增强军队联合作战能力。具体措施包括：一是在网络空间内开展行动以推进联合作战目标；二是发现并消除国防部信息网络中存在的漏洞，解决风险管理不足的问题，实施零信任架构等网络安全技术以确保国防部信息网络安全运行，开展防御性网络行动；三是增强联合作战部队的网络弹性，确保其在网络空间中具有持续作战能力；四是开发符合网络空间特征的可选方案，以满足联合作战需求并产生非对称性优势。

优先事项三：与盟友和合作伙伴协同保护网络空间安全。国防部将通过与盟国和合作伙伴的共同努力，最大限度提升其网络空间战略的有效性。具体措施包括：一是提高盟国和合作伙伴网络空间战略部署及实施能力，通过培训、演习等形式培养网络人才；二是拓展潜在的网络安全合作途径，通过及时信息共享提高网络空间联合行动的有效性，为加强集体网络安全作出努力；三是继续开展“前出狩猎”行动和其他双边技术合作，通过查明恶意网络活动来增强盟友和合作伙伴的网络弹性；四是鼓励遵守国际法和国际公认的网络空间规范，强化负责任的国家行为。

优先事项四：在网络空间建立持久优势。国防部将通过建立持久的优势来支持和实现网络空间行动。具体措施包括：一是就加强网络劳动力开展机构改革，提高网络劳动力的保留率和利用率，通过各种渠道吸纳经验丰富的网络人才，制定并实施有效的人才管理和职业发展策略，探索更多的利用社会后备力量的途径；二是持续改进国防情报体系的业务实践和组织管理模式，确保提供及时且可操作的情报用于支持网络空间行动；三是开发和实施新的网络能力，重点发展能够迷惑和阻击恶意网络行为者的技术，包括零信任架构、先进端点监控功能、定制数据收集策略、自动化数据分析以及支持网络自动化、网络恢复和网络欺骗的系统；四是培育网络安全和网络意识文化，投资于整个国防体系人员的教育、培训和知识发展。

二、内容简析

自拜登政府上任以来，美国加紧制定一系列网络安全相关战略，对比2023年最新发布的《国家网络安全战略》及其实施计划，国防部新版《网络战略》呈现出以下特点。

（一）维持总体网络空间战略基调，与美国近期发布的国家安全、国防安全顶层战略保持同步

《网络战略》以美国国家安全战略、国防战略等顶层战略为基础。《网络战略》主要内容对照《2022年国防战略》确定的4个国防优先事项，是国防部实施《2022年国家安全战略》《2022年国防战略》和《2023年国家网络安全战略》优先事项的基准文件。新版战略指出了美国面临的网络威胁，强调了网络空间的重要性，提出了从国家安全出发与盟友及伙伴加强合作、在网络空间建立持久优势等方面的策略和措施，以及培养网络意识和加强网络空间规范的重要性，为美军未来网络空间作战能力建设和作战行动提供了方向指引。

（二）认识到网络威慑在实际作战中的局限性，提出“综合威慑”发展路径

美国作为世界上最早提出网络威慑概念的国家，一度试图通过实现网络威慑发挥类似核威慑的作用，但网络威慑能否真正发挥战略慑止作用，实际上依赖于对抗双方对网络战后果的共同认知。《网络战略》首次明确阐述了网络威慑理论的局限性，同时指出网络威慑与其他国家权力工具协同使用时会更加有效，提出了“综合威慑”的概念。美国国防部负责网络政策的副助理部长米克·欧阳2023年9月12日在国防部简报会上表示，“美国在俄乌冲突战场上得到的一个经验在于，网络本身不是决定性的，必须与其他军事能力配合使用”。也就是说，网络是一种需要与其他能力协同使用的能力，单独使用时效

用有限。从俄乌冲突中的网络对抗可以看出，综合网络能力在作战能力中具有重要性，同时与美国国防战略中关于综合威慑的表述及方法论相一致。

（三）着重强调伙伴和盟友国家网络能力是综合威慑的组成部分

美国始终重视与军事盟友的合作，自 2018 年以来其国防部在盟友网络中开展了大量网络空间行动，网络空间行动将构成“综合威慑”的核心，成为美国及其盟国军事实力不可或缺的要素。美国同时认识到，在与盟友形成协同网络优势的同时，将不可避免地带来附加风险，例如对手可通过攻击盟友网络间接实现对美国网络系统的攻击。因此，美国国防部在坚持主动防御策略的同时，提出将在战略、作战和战术层面全方位加强与盟友和伙伴的关系，协助盟友加强网络安全防御体系的建设，开展网络安全意识和人才培训等工作。新版《网络战略》强调了帮助美国伙伴和盟友建立其网络能力的重要性，即共同提高网络集体复原力。根据《网络战略》，美国国防部将加强盟友和合作伙伴的集体网络安全性，揭露网络空间中的敌对行动，挫败恶意网络行为者的图谋。

（四）更加重视运用新兴技术应对网络威胁

《网络战略》分析了威胁美国的各类网络竞争对手，明确提出要在意识形态和政治、情报、作战 3 个层面与对手进行网络空间斗争，强调借鉴俄乌冲突中的经验教训，优先保护美国国防工业免受网络间谍活动的影响。整体来看，《网络战略》表明美国将技术之争理解为价值观的对抗，并为包括网络战在内的各种未来战争形式做准备。与《2018 年国防部网络战略》相比，新版《网络战略》更加强调公私协作、与科技界合作，重视对人工智能等网信领域新兴技术的跟踪和应用，谋求扩大美国在网络空间的技术优势。从国际关系上看，美国为实现新科技优势，正基于联合全域作战理念，借助智能决策优势构筑多维一体新型复合式威慑能力，在全球积极布局综合威慑能力和威慑体系，包括发展“武装盟友”、构建“集体防御机制”、收编整合私营企业等，旨在“保护美国网络空间并塑造全球网络安全规范”，利用盟国及合作伙伴的人力、资源、地理优势、信息优势等发起由美国主导的网络行动。

三、相关启示

随着网信技术的快速更新换代，网络空间深刻改变着国家间博弈和国际冲突的形态和特点。美国国防部的网络空间战略认知及构想，植根于美国网络空间作战的军事实践。近年来，美国通过战略路径调整、完善网络空间作战力量部署、加速新兴技术发展、打造新型态势感知系统、研发新型网络武器作战平台等一系列举措，带动了世界各国在网络空间领域的持续投入与发展。在当前的战略思想指导下，美国将以应对国家级网络威胁为优先目标发展网络空间综合威慑能力和作战能力，进一步推动网络空间军事化趋势，甚至可能带来“网络空间军备竞赛”。可以预计，未来全球网络空间对抗和新兴技术领域博弈将日趋激烈，加强网络安全多元化合作、完善全球网络安全治理面临更大挑战。

3.3 美国国防部发布《数据、分析和人工智能应用战略》

2023年11月，美国国防部发布《数据、分析和人工智能应用战略》（以下称《战略》）。该战略文件由国防部首席数字和人工智能办公室（CDAO）制定，对《国防部人工智能战略（2018）》《国防部数据战略（2020）》等进行了整合。《战略》主要对新形势下的战略环境、目标、实施等进行概述和指导，重点关注数据、分析和人工智能在军事领域的实践，旨在使美国通过持续部署先进技术应对复杂挑战。

一、基本情况

（一）出台背景

从历史沿革看，《战略》的发布既是政策的延续，也是大数据和人工智能技术快速发展背景下的必然选择。2022年，美国国防部公布了期待已久的负责任人工智能（RAI）战略和实施路径，而在更早之前，国防部已经采用了人工智能伦理使用的5项广泛原则：负责任、公平、可追溯、可靠和可治理。2023年进一步研究出台该《战略》，是美国国防部对其历史政策特别是人工智能伦理的扩展。近年来，数据分析和人工智能技术在各个领域得到广泛应用，美国国防部积极拥抱相关技术趋势，将其视为制胜未来战争的关键。通过多年来的全球军事部署和强大的国防基础，美国国防部占有着海量的数据资源，但这些数据分散在不同的系统中，难以进行有效的整合和利用。此外，美国国防部在人工智能领域的人才和技术储备存在不足，需要补齐应对未来战争的作战效能短板，以应对日益复杂的安全威胁。

（二）要点摘编

《战略》包括前言、战略环境、关键成果、战略目标、战略实施、结论、附录共 7 个章节，下面重点对战略环境、关键成果、战略目标以及战略实施相关内容进行介绍。

1. 战略环境

美国国防部计划，将数据、分析和人工智能技术融入更广泛的政府政策、创新私营部门、学术界合作伙伴网络以及全球生态系统中，通过一种系统、灵活的方式应用数据、分析和人工智能。《战略》概述了美国国防部改善组织环境的方法，旨在帮助国防部人员更好地部署数据、分析和人工智能，以获得持久的决策优势。

2. 关键成果

《战略》实施后，预期美国国防部领导人和作战人员将能够专业地利用高质量数据、高级分析和人工智能，作为可持续、成效驱动、以用户为中心的开发、部署和反馈周期的一部分，做出快速、明智的决策。美国国防部相关领域投资将解决 2022 年国家发展战略中确定的关键作战问题，填补已验证的差距以提高联合部队作战能力，加强维持作战优势所需的企业基础。在从会议室到战场的全流程中，数据、分析和人工智能的实战化表明，作战决策优势是由远离前线的人员和项目办公室做出的成百上千次决策促成的。因此，加强国防部作战的决策优势是保持未来部队弹性的关键所在。决策优势将成为一种竞争条件，具有以下 5 个特征：对作战空间的认识和了解；适应性部队规划和应用；快速、精确、灵活的杀伤链；弹性的持续支持；高效的企业业务运营。通过跨学科团队利用通用技术开发最佳实践，包括以下 5 种最佳实践：采用敏捷开发的基本原则和方法；建立直观的界面，加快人类对新技术的应用；与专注于客户需求的跨职能团队合作开发产品；提供具有共享数字基础的产品组合；在运行环境中试验最小可行产品，以确定新的使用概念、提高能力和管理突发风险。强调大规模交付和加快技术应用转化速度，实现以下 5 种决策优势：战场空间感知和理解能力；自适应兵力规划和应用；快速、精确、弹性的杀伤链；弹性、可持续的后勤保障能力；高效的体系业务运营能力。

3. 战略目标

《战略》重点是支持相互依存的“人工智能需求层次”下的六大战略目标。“人工智能需求层次”是一个以高质量数据为基础的金字塔结构，因为所有分析和人工智能能力都需要可信的高质量数据来支持决策者；位于金字塔中部的是有洞察力的分析和衡量标准，即美国国防部领导了解其领域和影响这些领域成果的关键变量所需的基础模型和可视化；位于金字塔顶端的是负责任的人工智能，根据《国防部人工智能道德原则》设计、开发、部署和使用，提供更强的洞察力并协助改进任务成果。环绕金字塔周围的是数字人才管理等推动因素，有助于维持需求层次结构。相应的六大战略目标如下。

- 改进基础数据管理：提高国防部数据的质量和可用性，以支持高级分析和AI能力。
- 为企业业务和联合作战提供能力：利用数据、分析和AI技术增强和/或生成业务分析和作战能力，以改善决策优势。
- 加强治理、消除政策障碍：确保负责任的行为、流程和成效，同时加快在整个国防部应用数据、分析和AI技术。
- 投资可互操作的联邦基础设施：优化国防部基础设施，以支持数据扩展、分析和AI的扩展应用，并提高互操作性。
- 推进建设数据、分析和AI生态系统：加强政府间、学术界、产业界和国际伙伴合作关系，促进数据、分析和AI的应用。
- 拓展数字化人才管理：加强关键数据、分析和AI相关岗位的人才招聘、培训和留用。

4. 战略实施

国防部首席数字和人工智能办公室（CDAO）将主导和监督该战略的实施，通过首席数字和人工智能办公室理事会与各部门合作实施。该理事会是管理和协调美国国防部综合数据、分析和人工智能的高级领导机构。对于数据、分析和人工智能技术，各部门将确定并采用资源配置方案、流程和评估工具，为领导者提供最大的灵活性，以便以合规的速度交付迭代开发的能力。《战略》以学习为基础，采用敏捷方法，强调数据质量，降低了实施风险。各部门领导和技术人员将致力于开发负责任、公平、可追溯、可靠和可治理的人工智能。

二、内容简析

（一）旨在通过数据和技术方法论有效协同美国军事盟友和合作伙伴

《战略》的总基调在于持续推进美国国防部的数字化转型，推动国防部在数据、分析和人工智能活动中形成统一的方法，建立一支专业、有能力、善于吸收民间力量和工具的队伍，持续开展高级研究和成果快速转化。除了传统军工复合体，美国国防部还提出将利用国家实验室、大学、情报界、传统国防工业以及硅谷的非传统公司和全国各地的人工智能创新中心等合作伙伴的解决方案，推动建立一支数据驱动和人工智能赋能的现代化军队。

（二）在布局未来战争方面体现出较强的全面性、前瞻性、务实性

《战略》表明，美国国防部将数据、分析和人工智能视为赢得未来战争的关键。一是全面性。《战略》从数据、分析、人工智能等多个方面提出具体措施，对每个领域作出系统性阐述。以人工智能为例，不仅规定了人工智能开发和应用的灵活方法，还强调了大规模交付和采用的速度，以及由此带来的决策优势。二是前瞻性。《战略》充分考虑了数据和人工智能技术的发展趋势，如通过将价值观放在首位并发挥优势，对人工智能采取负责任的态度，将确保美国继续领先。三是务实性。《战略》提出的措施具有较强的针对性和可操作性，例如考虑到联合作战环境、去中心化数据管理以及生成式人工智能工具的行业进展，要求国防部及时研究并采用业界最先进的技术、应用及其功能。

（三）高标准战略定位在实施层面仍面临诸多挑战

在大国竞争日趋激烈、人工智能技术发展日新月异的时代背景下，美国国防部试图加快推动数字化转型、扩展国家国防系统先进能力，作为获得持久决策优势的重要举措。《战略》对于美军推动人工智能在军事领域的应用具有明确的指导作用。与此同时，《战略》突出强调了对敏捷性、学习和责任的需求，但也显示出在战略实施阶段仍面临文化、人才、协调等多方面挑战。

三、相关启示

2021年年底，美国国防部成立CDAO，此后其一直作为五角大楼融合人工智能、数据和分析工作的专门机构，承担联合人工智能中心、国防数字服务局、Advana数据平台和首席数据官的角色，推动以联合全域指挥控制（JADC2）等重点项目为牵引的整体智能化转型战略。其最新发布的《战略》在相关领域技术研发、人才培养、数据利用和伦理审查等环节均提出激励、引导和规范措施，符合全方位、立体化的联合作战体系需求。美国国防部与国防工业、科技产业有密切联系和长期合作，可以最大限度转化已经成熟的技术，并提供数据反馈和改进措施。相关战略部署充分表明，美国国防部在提升国际视野、专业水平、技术生态方面注重发挥政企融合等制度性作用，前沿技术军事化继续成为美国国防科技力量向全球投射的重要特征。

3.4 美国总统拜登签署颁布《关于安全、可靠、值得信赖地开发和使用人工智能的行政命令》

2023 年 10 月 30 日，美国总统拜登签署《关于安全、可靠、值得信赖地开发和使用人工智能的行政命令》（以下简称《行政命令》），以确保美国在兑现人工智能承诺和管理风险方面发挥带头作用。《行政命令》指示相关部门执行 8 项行动，为人工智能安全和保障制定新标准，以保护美国公民的隐私，促进公平和公民权利，维护消费者和工人利益，促进创新和竞争，提升美国在世界的领导地位。《行政命令》的颁布成为美国在人工智能治理方面的一项重要举措。

一、基本情况

（一）出台背景

2022 年 10 月，美国白宫发布《人工智能权利法案蓝图》，提出建立安全和有效的系统、避免算法歧视、以公平的方式使用和设计系统、保护数据隐私等基本原则，将公平和隐私保护视为法案的核心宗旨。2023 年 3 月，美国人工智能特别委员会发布的《人工智能委员会报告》进一步提出，应当基于效率、中立、比例性、共治性以及灵活性五大原则，构建一个必要的、基于风险的、分布式的、协调的人工智能监管治理框架，以帮助美国抓住人工智能技术广泛应用的窗口期，解决关键风险与威胁，发挥人工智能的巨大潜在利益。此后，美国人工智能治理进入国内国际并行、强势争夺人工智能领域治理主导权的阶段。此项《行政命令》作为拜登政府负责任创新综合战略的一部分，可被视为建立在之前行动的基础上，推动美国人工智能安全、可靠和值得信赖发展的标志性工作进展。

另外，《行政命令》也反映出当前美国政府对人工智能技术的双重态度：一方面高度重视其机遇和潜力，另一方面意识到需要对其进行及时和适当的监管。与此同时，欧盟 2023 年酝酿并于 2024 年正式批准全球首部《人工智能法案》，中国也在人工智能领域建立起较为完善的法律法规，监管措施领先全球，客观上为美国政府带来了一定的政策压力。

（二）要点摘编

1. 人工智能安全新标准

拜登在《行政命令》中指示，采取全面行动以保护美国公民免受人工智能系统的潜在风险：人工智能系统开发人员应当与美国政府分享其安全测试结果和其他关键信息。根据《国防生产法》，开发任何对国家安全、国家经济安全或国家公共健康安全构成严重风险的基础大语言模型的公司，必须在训练模型时通知联邦政府，并且必须与联邦政府共享所有红队安全测试结果，以确保人工智能系统在公开之前是安全、可靠和值得信赖的。

开发标准、工具和测试，以确保人工智能系统安全、可靠。政府应当为推进人工智能安全采取重要行动，美国国家标准与技术研究院负责为红队测试制定严格标准，确保公开发布前的安全性；国土安全部将标准应用于关键基础设施部门，并成立人工智能安全委员会；能源部和国土安全部负责解决人工智能系统对关键基础设施的威胁，以及化学、生物、放射性、核和网络安全风险。

通过制定强有力的生物合成筛选新标准，防范使用人工智能设计危险生物材料的风险。资助生命科学项目的机构将把相关标准作为联邦资助的条件，创造强力激励措施以确保适当的筛查和风险管理。

通过建立检测人工智能生成内容、验证官方内容的标准和最佳实践，保护美国公民免受人工智能驱动的欺诈行为。商务部将制定内容认证和水印指南，明确标记人工智能生成内容。联邦机构使用相关工具确保政务信息的真实性，并为世界各地的私营部门和政府提供示范。

建立先进的网络安全计划，开发人工智能工具查找和修复关键软件中的漏洞。这些努力将共同利用人工智能潜在地改变游戏规则的网络能力，使软件和网络系统更加安全。

国家安全委员会和白宫办公厅制定国家安全备忘录，确保美国军事和情报界在其任务中安全、合乎道德且有效地使用人工智能，采取行动反击对手对人工智能的军事使用。

2. 保护美国公民隐私

《行政命令》提出，国会应通过两党数据隐私立法，保护所有美国公民特别是儿童的权益，指示采取以下行动。

- 优先考虑联邦政府支持加速隐私保护技术的开发和使用——包括使用尖端人工智能的技术，以及在保护训练数据隐私的同时允许训练人工智能系统的技术。

- 通过资助研究协调网络来推动突破和发展，加强隐私保护技术研究，例如保护个人隐私的加密工具。美国国家科学基金会将与该网络合作，促进联邦机构采用领先的隐私保护技术。
- 评估各机构如何收集和使用商业信息，包括从数据经纪人处获取的信息，加强联邦机构隐私指导以应对人工智能风险，特别关注包含个人身份数据的商业信息。
- 为联邦机构制定评估隐私保护技术有效性的指南，包括人工智能系统中使用的技术。

3. 促进公平和公民权利

《行政命令》指出，不负责任地使用人工智能将导致并加深司法、医疗保健和住房领域的歧视、偏见，催生更多其他数据滥用行为。政府已经发布《人工智能权利法案蓝图》及一项行政命令，指示各机构打击算法歧视。为了确保人工智能促进公平和公民权利，将采取以下额外行动。

- 为联邦福利计划、联邦承包商等提供明确指导，防止人工智能加剧算法歧视。
- 通过培训、技术援助以及司法部和联邦民权办公室之间就调查和起诉与人工智能相关的民权侵犯行为的最佳实践，协调解决算法歧视问题。
- 通过制定在量刑、假释和缓刑、审前释放和拘留、风险评估、监控、犯罪预测和预测性警务以及法医分析中使用人工智能的最佳实践，确保刑事司法系统的公平性。

4. 保护消费者、患者和学生利益

为了保护消费者、患者和学生利益，采取以下行动。

- 推动人工智能在医疗保健领域的负责任应用，并开发民众可负担的救生药物。卫生与公众服务部将制定一项安全计划，接收涉及人工智能的危害或不安全医疗保健实践的报告，并采取行动进行补救。
- 通过创建资源来支持教育工作者部署人工智能支持的教育工具，例如学校的个性化辅导，塑造人工智能改变教育的潜力。

5. 支持劳动者

《行政命令》称，人工智能正在改变美国的工作和工作场所，带来工作场所监视、偏见和岗位流失等风险。为了减轻这些风险，采取以下行动。

- 制定劳工标准、工作场所、数据收集等方面的原则和最佳实践，通过解决工作岗位流失问题，减轻人工智能对工人的危害并最大限度地发挥其好处，防止工人报酬过低、遭受不公平评估或影响工人组织能力。
- 编写一份关于人工智能对劳动力市场潜在影响的报告，研究和确定加强联邦政府对面临劳动力中断（包括来自人工智能影响）情况的支持方案。

6. 促进创新和竞争

美国在人工智能创新方面处于领先地位，2022 年在美国筹集首次资金的人工智能初创公司数量超过了其后 7 个国家的总和。《行政命令》要求确保通过以下行动继续引领创新和竞争。

- 通过国家人工智能研究资源试点（为人工智能研究人员和学生提供关键人工智能资源和数据），促进美国各地的人工智能研究，扩大对医疗保健、气候变化等重要领域人工智能研究的资助。
- 通过为小型开发者和企业家提供技术援助和资源，帮助小型企业将人工智能实现商业化，鼓励联邦贸易委员会行使其权力，促进公平、开放和竞争的人工智能生态系统。
- 通过优化简化签证标准、面试和审查，提升关键领域拥有专业知识的高技术移民和非移民在美国学习、居留和工作的能力。

7. 提升美国海外领导力

《行政命令》指出，人工智能带来的挑战和机遇是全球性的，美国政府将继续与其他国家合作，支持在全球范围内安全、可靠和值得信赖地部署和使用人工智能，将采取以下行动。

- 扩大双边、多边和与多利益相关方的合作，引导其参与人工智能领域合作，美国国务院将与商务部合作建立强大的国际框架，利用人工智能优势管理风险并确保安全。
- 与国际合作伙伴和标准组织共同加快重要人工智能标准的开发和实施，确保技术安全、可靠、可互操作。
- 促进人工智能在国外安全、负责任和尊重权利地发展和部署，以解决全球挑战，例如推进可持续发展和减少关键基础设施面临的危险。

8. 确保政府负责任且有效地使用人工智能

采取以下行动。

- 为各机构使用人工智能发布指南，包括保护权利和安全的明确标准、改进人工智能采购流程、加强人工智能部署。
- 建立快速高效签约机制，帮助机构更快、更经济、更有效地获取指定的人工智能产品和服务。
- 加快人工智能专业人员招聘，为相关领域各级员工提供人工智能培训。
- 政府与盟友及合作伙伴合作推进安全、可靠和值得信赖的人工智能，建立强有力的国际框架，管理人工智能的开发和使用。

二、内容简析

（一）深化美国在全球人工智能治理领域的话语权

《行政命令》倡导建立强有力的国际框架来管理人工智能的发展和使用。此前，美国在人工智能领域已与澳大利亚、巴西、加拿大、智利、欧盟、法国、德国、印度、以色列、意大利、日本、肯尼亚、墨西哥、荷兰、新西兰、尼日利亚、菲律宾、新加坡、韩国、阿联酋和英国进行过接触。此次《行政命令》作为日本领导七国集团广岛进程、英国人工智能安全峰会等国际讨论的支持和补充，进一步扩大了美国在全球数字治理中的影响力和话语权。

（二）体现出美国对人工智能技术监管态度的转变

安全、公平、隐私保护、及时通知和选择退出这5条原则，在欧盟的人工智能框架里有更加广泛的规定。但在美国政府的治理语境中，由于科技产业在美国经济中的主导地位，联邦政府一贯的立场是放任而非加强监管。《行政命令》的签署预示着平台责任的进一步加强，也表明联邦政府有意改变其一贯立场。虽然后续配套措施的跟进速度可能不及预期，但美国对新兴技术监管态度的转变已经成为事实。

（三）人工智能将被广泛应用于提高情报工作效率

《行政命令》明确要求人工智能系统开发人员必须与美国政府分享其安全测试结果和其他关键信息；制定国家安全备忘录，指导美国军事、情报界在人工智能和安全方面的进一步行动。结合美国军方、情报部门2023年一系列行动部署，例如中央情报局推出类似ChatGPT的工具以更好地运用开源情报、联邦调查局大量应用人工智能等新技术、情报机构采纳第三方人工智能解决方案为其情报分析工作服务等。美国国防部紧随《行政命令》发布的《数据、分析和人工智能应用战略》，也进一步显示出美国情报机构正从制度层面出发进行调整，以加快适应“人工智能时代”带来的变革。

三、相关启示

《行政命令》出台后，预计美国政府将推出更多配套细则或实施更有针对性的动作，在人工智能应用、算法、芯片、系统、数据、设备等环节限制本国企业对战略竞争对手投资，通过领先的人工智能技术谋求发展的绝对主动权。其他国家一方面要加强国内自主研发和创新能力，加大投入和支持人工智能、算法、芯片等关键技术领域的研发，提高自主可控水平；另一方面要加强国际合作，寻求多方共赢的合作机会，摒弃单方主导思维，坚持人工智能治理多边交流合作，坚持发展与安全并重，才能最大限度地合理利用人工智能发展，实现人工智能治理的理想善治状态。

3.5　美国国家情报总监办公室发布 2023 年《国家情报战略》

2023 年 8 月 10 日，美国国家情报总监办公室（ODNI）网站发布年度《国家情报战略》（以下称《情报战略》），明确了美国情报界需要发展的关键能力，旨在为美国情报界未来 4 年的战略方向提供规划。《情报战略》指出，未来美国将充分利用开源情报、大数据、人工智能和先进分析方法，提高准确洞察竞争对手意图和行动的能力，同时强调了与盟友和合作伙伴的泛化情报合作，以确保长期获得决策优势。

一、基本情况

（一）出台背景

高度互联和数据驱动的现代数字化时代，推动世界各国进入一个全新的数字战略竞争阶段。《情报战略》的制定背景，植根于美国政府对战略环境变化的认知调整。

从国际角度看，科学技术的迅猛发展正推动多个领域发生革命性变革，商业软件的数据获取、物联网传感器的数据采集、各国的数据监管治理及数字技术的快速应用，使美国政府在数据挖掘和管理上面临更多困难。同时，国际战略环境日益复杂且相互关联，战略竞争对手和全球数字社区能够集中并有效利用数据进行预测、获取、管理和分析。除了主权国家，从跨国公司到社会运动，次国家和非国家行为体的影响力与日俱增，对国家安全的影响也逐步显现。

从美国内部看，《情报战略》强调美国情报界的一切工作都始于数据，只有提升发现、获取和利用数据的能力，才能确保情报优势。自此之前，美国情报界尚未将数据作为战略优先事项，而美国情报界在数字化演进中面临的核心挑战就是维持和提升决策分析所需的数据速度和规模，以及支持利用人工智能处理数据的能力。因此，提升数据战略地位成为美国政府推动情报界数字化转型的紧要议程。

（二）要点摘编

《情报战略》由国家情报总监致辞、美国情报界任务和愿景、情报界职业道德准则、6 项战略目标以及情报界组织简介 5 个章节组成。其中，6 项战略目标按照现实分析、预期目标以及实现途径三部分进行阐述，反映了美国当前战略环境中的关键要素，是指导美国情报界运营、投资以及采取优先行动的指导性文件。

目标一：明确情报界服务于增强战略竞争的定位。《情报战略》明确了大国战略竞争的基调，指出在科技和创新领域处于世界领先地位一直是美国经济繁荣和军事实力雄厚的基础，也是战胜对手、推进国家利益和捍卫民主的关键。美国必须能够识别新兴技术的应用和影响、了解供应链，并与盟友和合作伙伴协调使用经济战略工具，以确保战略竞争对手无法破坏美国的竞争力和国家安全。鉴于战略竞争的全球性质，美国情报界将投资开发创新方法，开拓新的情报来源，利用开源信息、大数据、人工智能等先进技术进一步开发情报分析工具，系统性加强与外部的合作，增强对竞争对手战略意图、能力和行动的感知与预判，以满足美国决策层在激烈竞争环境中的战略决策需求。

目标二：加强人才队伍招募和一体化建设。《情报战略》强调，情报界的成功取决于招募、发展和留住高技术、有才华且多样化的情报人才队伍，必须依托于美国的多样性这一“力量源泉”，必须克服长期存在的文化、结构、官僚、技术和安全挑战，重新构建相关体系并提供未来所需人才。要实现这一目标，情报界需要对各机构的人员招募和审查程序进行现代化的流程改革，吸引更多具有科技和多元文化背景的人才；打破部门限制，增强工作岗位的灵活性，提供定期轮岗和执行联合任务的机会，培养出更有能力为情报问题制定全面解决方案的官员；加大基础专业技能培养，推动美国情报界劳动力转变为数据驱动力，培养能够识别、发现和利用数据，让普通数据转变为情报决策数据的专业团队。

目标三：提供大量通用和创新的解决方案。为满足不断变化的任务需求，提升情报界竞争力和创新力，一方面需要投资和策划大量具备可操作性的创新方案，建立基于通用标准、以数据为中心的统一采购机构和招标系统；另一方面需要培育创新文化，包括鼓励创新精神、应用先进情报工具和数据，努力将劳动密集型情报工作模式转变为更高效的人机协作工作模式，提升情报的可发现性和可访问性。此外，情报界应有能力预测战略竞争对手的计划和意图，为战略共同体提供信息与决策支持；为先进信息技术研发提供资金，致力于实现技术突破和效率提高，以更好地服务国家安全。

目标四：进一步扩展和强化伙伴关系。《情报战略》指出，盟友和伙伴关系网络是美国最重要的战略资产，也是其完成情报任务的“力量倍增器”。美国将继续稳固与“五眼联盟”等盟友的伙伴关系，提升情报共享水平，同时进一步拓展与次国家和非国家行为体的情报合作与信息交流，将情报资源投入应对网络攻击、气候变化和外国行为体恶意影响等仍处于演化当中的非传统安全威胁中。美国情报界将充分了解非国家行为体如何利用其不断增长的资源和能力，以支持或破坏的方式对美国国家安全施加单方面或集体影响。在美国寻求对抗战略竞争对手时，情报界将以加强民主基础和原则的方式利用其权威和能力开展工作。

目标五：提升情报界应对跨国挑战的能力。《情报战略》强调，美国国家安全利益正在遭受跨国犯罪、金融危机、流行疾病以及新兴颠覆性技术等非传统国家安全威胁。美国情报界将遵循《国家安全战略》指导，跨越组织边界，加强与联邦政府及其他部门的合作，以更好地整合资源和建设监视预警能力；积极寻求国内外私营部门、学术界和其他机构的合作，增强识别新兴跨国威胁的能力。

目标六：增强情报界韧性。《情报战略》认为，处于一个仍在从疫情中恢复的世界，某个国家承担的风险实际上需要整个国际社会承担。美国情报界的韧性体现在：需要提出一种多方面、多层次和分布式的方法，并随着威胁的演变而不断调整，从而有效保护关键基础设施，捍卫国家经济安全与繁荣；通过对自身基础设施进行现代化改造和强化，使其具备适应性、耐久性、冗余性和互操作性，确保情报界在面对大流行病、网络攻击、极端气候和恐怖袭击等不可避免的危机时仍有能力完成使命；保证自身反间谍能力和专业知识，以应对外国对手开展的破坏性情报活动。

二、内容简析

（一）《情报战略》反映出美国情报界现有组织架构及其关注重点

《情报战略》指出，美国国家情报总监（DNI）是情报界最高领导人，通过发布《国家情报战略》制定情报界的战略重点。美国情报界由 18 个机构组成：国家情报总监办公室（ODNI）、中央情报局（CIA）两个独立机构；国防情报局（DIA）、国家安全局（NSA）、国家地理空间情报局（NGA）、国家侦察局（NRO）、空军情报局、海军情报局、陆军情报局、海军陆战队情报局、太空部队情报局 9 个国防部下属部门；能源部情报与反情报办公室、国土安全部情报与分析办公室、海岸警卫队情报与反情报部门、联邦调查局（FBI）、缉毒局国家安全情报办公室、国务院情报和研究局、财政部情报与分析办公室 7 个其他部门和机构。值得关注的是，数字化转型成为美国情报界发展的重要原则和方向，综合数据决策能力被纳入整个美国情报界机构发展计划，提高情报界工作人员和领导层的数据决策相关技能成为必要事项。

（二）拜登政府持续推动情报界影响力泛化，借助网信领域议题拓展情报部门职权范围

《情报战略》正式确立了拜登政府上任以来强调的一系列主题，包括供应链、全球大流行病、极端天气以及毒品贩运等，将应对网络威胁视为新的战略竞争议题。白宫近期制定的每日情报简报，从过去长期关注的反恐、中东局势等问题，扩展至人工智能、半导体芯片等议题。《情报战略》还强调了情报界韧性的提升，直接涉及避免关键基础设施遭受网络攻击、供应链脆弱预警等，表明美国情报界正在从关注恐怖主义等国家行为转向关注网络空间防御、新技术应对等长期系统性问题，由此不断扩展其职权范围。

（三）重视非官方层面情报渗透与开源情报应用

《情报战略》在第四项目标“进一步扩展和强化伙伴关系”中提出，“从公司到公民社会组织，这些行动者的想法、创新、资源和行动越来越多地塑造着我们的社会、技术和经济未来”，美国情报部门必须与非国家行为体交换信息，使之成为“捍卫美国国家安全利益的最佳实体”。为应对包括网络攻击在内的

新领域挑战，美国情报界已经提出将革新与非政府合作伙伴交换信息的方式，更好利用政府外专业资源维护美国国家安全。同时，网信新兴技术发展将继续成为美国情报界的关注重点，通过强化优势与遏制对手维持美国在全球技术和创新方面的领导地位。

三、相关启示

作为美国面向大国竞争在国家安全领域出台的重大政策，《情报战略》反映了美国情报界在全新战略环境及军事竞争中的重点任务与举措，推动向技术与数据驱动的情报体系创新发展。预期未来几年，美国情报界将加速数字化转型进程，将网络技术防护、数据驱动、人机协作、新兴技术应用等要素贯穿于战略部署当中。由于数字时代各领域创新步伐不断加快，美国情报界相关战略部署或形成示范效应，带动各国情报理念及实践加速迭代发展，在网信领域的洞察力和可持续创新力将成为影响情报获取及分析质量的重要能力。面对正在发生深刻演变的世界格局、复杂多变的网络空间形势，强化网络安全体系，培养跨域人才梯队，打造多元主体战略合力，将为维护国家安全提供更有力的支撑和保障。

3.6　欧盟正式通过《数据法》并生效

2023 年 11 月 27 日，欧盟理事会正式通过了《关于公平访问和使用数据的统一规则的条例》（简称《数据法》）的最终版，该法案随即在欧盟官方公报上公布，并于 2024 年 1 月 11 日生效，2025 年 9 月全面适用。这项立法是欧洲 2020 年提出的“欧洲数据战略”的关键支柱，旨在通过使数据（特别是工业数据）更容易获取和使用、鼓励数据驱动的创新和提高数据可用性，释放数据潜力，发展数据经济并培育竞争性数据市场。为了实现这一目标，《数据法》制定了公平访问和使用数据的统一规则，确保数据经济参与者之间数据价值的公平分配，阐明了谁可以使用哪些数据以及在什么条件下使用。

一、基本情况

近年来，欧洲市场上联网产品的供应量迅速增长，这些产品共同构成了一个被称为物联网（IoT）的网络，显著增加了欧盟可重复使用的数据量。2016年4月14日，欧洲议会通过了《通用数据保护条例》（GDPR）这项具有里程碑意义的法案，标志着欧盟成员国在加强数据保护方面达成一致。该法案通过加强对数据控制者和处理者的监管，扩大公民对其个人数据的控制权，被誉为“史上最严”个人数据保护条例。2020年，欧盟发布“欧洲数据战略”，标志着在数据治理领域的重大战略转向，此次转变的重点是从保护公民个人数据隐私转为促进数据的流通和利用，个人数据的定位也从纯粹的人格承载转变为重要的经济资产，这一转变反映了欧盟在数据治理方面的新思路和新方向，对全球数据政策产生了深远影响。《数据治理法案》是“欧洲数据战略”下的第一个成果，于2023年9月生效。同样作为“欧洲数据战略”一揽子计划的一部分，2022年2月，欧盟委员会提出《数据法》，明确数据访问、共享和使用的规则，规定获取数据的主体和条件，以使更多私营和公共实体能够共享数据。其核心目标是支持数据单一市场的出现，并与已经生效的《数据治理法案》和GDPR共同创造一个欧盟内部及其各个行业数据自由流动的统一市场。

二、分析研判

（一）转变监管思路，突出数据的可用性和经济价值

长期以来，欧盟在数字经济领域以严格监管著称，通过GDPR、《数字市场法》、《数字服务法》等一系列法律法规，在保护数据隐私安全、打击非法内容、遏制科技恶性竞争和巨头无序扩张的同时，在一定程度上也对激发数字经济发展的活力形成了掣肘。而本次《数据法》的一个关键目标是在数据经济中创造公平性，并使用户能够从他们使用自己拥有、租用或租赁的互联产品生成的数据中获取价值，体现了个人数据保护与商业开发利用的平衡。《数据法》使用户能够使用联网产品（例如联网汽车、医疗和健身设备、工业或农业机械）和相关服务（即任何可以使联网产品以特定方式运行的服务，例如用于调整设备亮度的应用程序），访问它们通过使用连接的产品或相关服务共同创建的数据。此类数据的可用性将对经济产生重大影响。例如，互联产品和相关服务生成的数据可用于促进售后和辅助服务以及创建全新的服务，从而使企业和消费者受益。

《数据法》是对《数据治理法案》的补充，《数据治理法案》规范了促进数据共享的流程和结构，尤其是在公共部门之间的数据共享，而《数据法》明确

为拥有联网产品和服务的用户如何使用生成的数据，以及在何种条件下利用数据创造价值制定了新规则。这两项法案将共同促进可靠和安全的数据访问，促进其在关键经济部门和公共利益领域的使用，有利于建立欧盟单一数据市场，最终使欧洲经济和整个社会受益。

（二）明晰概念体系，加强数据可移植性和数据共享

《数据法》规定了第三方共享数据的处理规则，以及第三方接收数据者与原始数据持有者之间的关系。以数据共享规则的权利主体和义务主体为例，《数据法》采取了用户/消费者、数据持有者、数据接收者分设的体系，用户是有权使用获得、收集或者生成数据的产品或服务的自然人或法人；数据持有者是能够合法使用或提供相应数据的自然人或法人；根据数据共享的规则，用户可以请求数据持有者将数据共享给其他自然人或法人，也就是数据接收者。《数据法》明确规定包含物联网设备和物体数据的数据库不应受到单独的法律保护，从而使物联网设备生成的数据更容易被最终用户访问和使用。

此外，无论是用户直接从数据持有者处访问数据，还是请求将数据共享给数据接收者，都要通过设定其条件和方式来充分平衡三方权益。以访问情形下数据持有者的商业秘密保护为例，《数据法》第 5 条第 3-3a 款设定了 3 层规则：数据持有者首先识别元数据等商业秘密；然后，其与用户约定成比例的技术和组织保护措施；最后通过协议范本、技术标准、自律规则等强化保护。

（三）扩大适用范围，明确政府机关调取规则

《数据法》涵盖了多种数据类型和主体类型，且针对各类数据流通场景设置了不同的规则。在客体方面，《数据法》适用于个人数据和非个人数据，并针对不同类型数据的不同数据处理活动作出规范。迄今为止，欧盟有关数据的立法一直重点关注个人数据的监管及其保护，所有权以及共享和使用非个人数据的权利仍然属于公司的合同自由范围，此外，个人和实体无法控制或访问公司持有的非个人数据。该立法是治理非个人数据的重要举措，为个人和非个人数据创建了治理框架，也为共享和访问此类数据提供了实质性规则。尽管物联网产品和相关服务收集和处理的个人数据受GDPR现有规则的约束，《数据法》仍加强了数据持有者对此类个人数据的义务和数据主体的权利。

在主体方面，《数据法》适用范围广泛，不仅适用于欧盟境内注册的企业实体，还涵盖了涉及特定数据流通环节的非欧盟企业，包括供应商、欧盟用户、数据持有者、数据接收方、数据处理服务提供商、智能合约应用程序供应商等。

此外，《数据法》还明确了政府机关的调取规则，包括调取主体、客体、对象以及调取的条件与方式。调取主体需为公共机关或特定欧盟机关。调取客体既包括数据，也包括元数据。调取对象限定为本身不属于公共机关的法人数据持有者。只有通过规定格式的请求阐明存在两类紧急情形之一，才能向数据持有者调取数据。如果涉及调取个人数据，需要满足额外的条件，且需采取匿名化等保护措施。

（四）维护市场秩序，防范数据垄断并确保数据公平获取

《数据法》致力于通过立法手段构建一个适用于数据共享和数据访问场景的公平法治环境。一是限制“守门人”获取数据。为了维护数字市场竞争秩序，欧盟于2022年通过《数字市场法》，对大型数字平台（“守门人”）提出了特殊的监管要求，平台数据反垄断进入落地阶段。作为回应，《数据法》对“守门人”获取用户数据进行了严格限制，以防止大型科技平台企业基于自身强大的经济、技术实力，利用旨在实现数据公平共享的数据流通规则，强化自身垄断势力。“守门人”被禁止通过任何渠道获取根据《数据法》共享的任何数据，包括通过用户直接获取或通过数据接收方间接获取。二是为中小微企业提供倾斜保护。对于小微企业，《数据法》明确，该法规定的B-C、B-B数据提供义务不适用于微型企业或小型企业制造或设计的联网产品或提供的相关服务所产生的数据；对于中型企业，《数据法》将该豁免的时间范围限制在联网产品使用或投入市场后1年内（以较近者为准）。三是确保企业间数据合同的公平性。《数据法》要求数据持有者与数据接收方应当协商确定数据共享的具体安排，获取数据的条件应符合公平、合理和非歧视原则，如果相关合同或条款的规定属于一方单方面强加给另一方的不公平合同条款，则将被视为无效，对另一方无约束力，并细化了“不公平”和“单方面强加”两个要件。以不公平为例，进一步规定了7类被确定为不公平的情形，包括显著侵害知识产权或商业秘密等合法利益，或者允许单方面变更价格或数据性质、格式、数量、质量的情形。此外，依据《数据法》的前言，欧盟委员会后续还将制定示范合同条款，协助相关企业确保数据共享协议的公平性，并将引入一项针对合同的不公平性测试，防止大型企业借助自身优势地位，滥用数据共享机制，损害中小微企业的利益。

（五）弥合技术分歧，提高数据处理服务的互操作性

《数据法》通过技术、制度和经济的“组合拳”，全面促进用户的服务切换自由和数据处理服务的互操作性。技术层面，不仅要求数据的可携带性，也要求容器等数据资产的互操作性，还通过认可和规范智能合约提供更多工具。制度层面，法案通过引入强制性保障措施来保护保存在欧盟云基础设施上的数据，从而增强信任。特别是云服务提供商将成为重要的义务承担者，既对云服务提供商施加实质的信息披露义务，也对提供商和客户间的服务合同提出细致的规定。一方面，数据处理服务提供商应当消除用户在不同服务间切换的障碍，并逐步取消切换费用；另一方面，云服务提供商及数据处理服务提供商应满足互操作性要求，所有类型的云计算服务，包括IaaS、PaaS和SaaS，都将受到《数据法》的约束。经济层面，明确要求在法案生效 3 年内基本消除服务转换费用。此外，欧盟还将制定云服务互操作性技术标准和数据处理的开放式互操作性规范和统一标准，确保数据的可携带性和数据处理服务之间的互操作性。

三、相关启示

数字经济时代，数据资源已经成为推动经济增长的新引擎，各国纷纷将数据资源的开发利用作为增强自身国际竞争实力的关键战略。目前，如何确保数据在不同的利益相关者之间高效、有序地流通，已经成为全球范围内立法机构和政策制定者共同关注的焦点议题。作为“欧洲数据战略”的重要组成部分，全球首部针对企业间数据流通利用的系统性立法《数据法》，充分体现了欧盟在数据利用规则方面的创新，为欧盟范围内数据的公平自由流动搭建了比较细致、完善的制度框架，其所设定的数据访问、共享规则及互操作性要求，将成为相关企业在欧盟境内访问、共享数据的重要合规参考，对于我国现阶段推进数据流通利用、释放数据要素价值的制度探索也具有借鉴意义。

3.7　欧盟通过《人工智能法案》

2024 年 3 月 13 日，欧洲议会以压倒性票数通过《人工智能法案》（以下简称《AI法案》），5 月 21 日，欧盟理事会正式批准《AI法案》。后续经欧洲议会和欧洲理事会主席签署后，将在欧盟官方公报上公布，并在公布 20 天后生效。作为欧盟首部关于人工智能监管的法律框架，《AI法案》有可能为西方世界乃至全球人工智能治理定下基调，欧盟也将成为第一个为人工智能使用制定明确法案的地区，并对全球人工智能治理进程产生深远影响。

一、基本情况

根据欧洲议会公布的信息，《AI法案》共包含总则、禁止的人工智能实践、高风险人工智能系统、特定人工智能系统提供者和部署者的透明度义务等13编内容，涵盖113项法律条款，还包括欧盟协调立法清单、涉及人工智能的刑事犯罪清单、高风险人工智能系统细分领域等13个附录。

（一）明确管辖范围和域外效力

《AI法案》的监管对象为人工智能系统的提供者和部署者，只要是提供人工智能服务的主体，无论是开发、发行，还是仅仅作为经销商或中间授权方，都属于《AI法案》的监管对象。《AI法案》明确属人、属地和实质判断多个管辖标准（包括域外适用），只要在欧盟境内运营，无论是欧盟境内还是欧盟境外的实体，均受到《AI法案》的规制。如果提供者在欧盟境内尚未设立实体，需指派一个位于或设立于欧盟的授权代表来履行相关合规义务。同时，《AI法案》也规定了一些例外情形，如不适用于仅为科学研究和开发目的、纯粹个人而非专业活动中使用、专门为军事国防或国家安全使用的人工智能。

（二）基于风险等级实施差异化监管机制

《AI法案》除提出人工智能提供者将产品投入市场前需在欧盟委员会的数据库进行注册并进行一般性事前评估、在使用“CE”标识（即安全合格标志）前应遵守现有产品安全法规等要求外，还将人工智能的风险等级划分为“不可接受风险、高风险、有限风险、最小风险”四大类，并根据风险分级采取不同的监管措施。其中，不可接受风险类人工智能系统将被完全禁止，如基于敏感特征的生物识别分类系统（除获得特定司法或行政授权的情形外）、工作或学校情绪识别、社会评分，以及操纵人类行为或利用人类弱点的人工智能；高风险类人工智能系统将被重点监管，如用于关键基础设施、教育和职业培训、医疗保健、执法、边境管理等领域的系统，必须履行广泛的义务，包括满足有关透明度、数据质量、记录保存、人工监督和稳健性等具体要求；有限风险类人工智能系统只需要履行透明度义务，如聊天机器人等智能系统；最小风险类人工智能系统受欧盟现有立法规制而无须遵守额外的法律义务，如人工智能电子游戏或垃圾邮件过滤器等应用。

（三）对通用型人工智能模型进行特别监管

随着ChatGPT、Gemini等通用型人工智能风靡全球，《AI法案》增加了对通用型人工智能系统和基础模型的特别监管措施。监管重点在于判定其是否具有“系统性风险”。《AI法案》规定，当通用型人工智能模型被认定具有高度影响力或满足欧盟委员会指定的其他标准时，通用型人工智能模型就会被认为具有“系统性风险”。一旦被认定具有“系统性风险”，通用型人工智能模型就需要履行对模型进行充分评估和对抗性测试、跟踪记录并及时报告、加强网络安全保护等额外的风险管理义务。不具有“系统性风险”的通用型人工智能模型则需履行编制并不断更新该模型的技术文件、遵守欧盟版权法的政策、公布一份关于训练数据集的详细摘要等管理义务。

（四）倡导负责任的研究和创新

包括建立人工智能科学家和工程师的道德责任、研究人工智能的伦理设计、推动人工智能跨学科多主体之间的对话、加强社会公众参与等。《AI法案》还提倡构建监管沙盒，即由公共当局建立现实生活中的受控环境，使潜在的高风险人工智能系统可以在其中开发、测试和验证，然后再有计划地投放市场或投入使用。《AI法案》鼓励成员国研究和开发对社会和环境有益的人工智能方案，如为残疾人提供方便、解决社会经济不平等问题，这些体现了人本主义，即实现可持续发展、科技向善、多方共治和社会包容等人文目标。

（五）严格的执行机制和惩罚措施

《AI法案》规定，欧盟委员会负责促进《AI法案》的实施，并协调各成员国监督机构之间的合作，各成员国监督机构具体负责对高风险类人工智能系统合规情况的监督，并有权要求系统提供者对不合规的人工智能系统进行改进，甚至禁止、限制、撤销或召回。为制裁违规行为，《AI法案》制定了不同等级的行政罚款：不遵守禁止类人工智能系统相关规定的主体，将被处以最高3500万欧元或全球年总营业额7%的罚款；不遵守高风险类人工智能系统相关规定的主体，将被处以最高1500万欧元或全球年总营业额3%的罚款；向国家主管部门提供不正确、不完整或误导性信息的主体，将被处以最高750万欧元或全球年总营业额1%的罚款。

二、分析研判

（一）意在抢占人工智能规则高地，或引领全球立法跟进

当前，美国和中国在人工智能技术创新和产业发展方面具有显著优势。欧盟近年来则另辟蹊径，在人工智能治理方面持续发力，加快推进人工智能立

法，旨在以高标准立法监管的先发优势构建“监管壁垒”，塑造其在人工智能发展方面的全球影响力。自2016年以来，欧盟先后出台《关于机器人的民事法律规则的报告》《欧洲人工智能》《可信人工智能伦理准则》等十几份有关人工智能治理的重要政策文件。此次欧盟通过全球首部人工智能法案，争夺全球人工智能治理规则话语权的意图明显。未来，《AI法案》有可能与《通用数据保护条例》（GDPR）一样，成为全球人工智能治理的“欧式模板”和重要规则参照系，进而对其他国家法律制定和监管实践产生显著的“溢出效应”，并通过相关国际协定、经贸协议持续在全球扩大其影响范围。

（二）注重监管和创新平衡，具体效果尚待进一步观察

《AI法案》规定：“成员国应确保其国家主管机关建立至少一个人工智能监管沙盒，以促进在严格的监督条件下开发和测试创新的人工智能系统”。这一措施则可以让企业在安全的前提下加速人工智能技术的开发创新和应用，可以看出欧盟立法者特别注意防范过度监管的负面效应，试图给技术创新更多的开放空间，还明确对人工智能的科学研究、研发等场景予以豁免等，反映出其追求监管和创新平衡的包容态度。但需要注意的是，《AI法案》条款也被质疑存在缺陷，或导致相关风险防范措施无法有效执行。如《AI法案》试图把所有人工智能形态都纳入监管范围，而未深入考量不同场景之间的特性，可能导致风险防范措施无法落地；其对不可接受风险类人工智能的严格监管也可能会对技术创新应用和推广产生一定的负面影响。

（三）保护主义色彩浓厚，中企合规成本或将提升

近年来，大量中国企业注重开发欧洲市场，中国人工智能相关产业在欧洲市场发展迅速。诸如阿里巴巴、腾讯、字节跳动等中企均在欧洲设立了研发中心或分支机构，与当地企业和研究机构展开合作。《AI法案》围绕不同人工智能技术与应用场景及其影响和风险水平而体系化设定的各种业务规则与合规义务，全面施行后将极大改变欧盟人工智能企业的技术研发方向和商业投资架构，也将会深度改变未来人工智能和数字产业的上下游生态面貌。可以预见，《AI法案》生效后，中资企业在进入欧洲市场时，将面临更高的市场准入门槛和合规成本，或影响中资企业在欧洲市场的竞争力。

三、相关启示

综合考虑欧盟《AI法案》的战略意图和GDPR对全球数据治理所产生的

深远影响，《AI 法案》提出的部分理念和监管规则对我国具有一定的参考和借鉴意义。

一是积极推动我国《全球人工智能治理倡议》成为全球共识。落实《全球人工智能治理倡议》，积极组织国内相关部门、研究机构、行业协会和互联网企业参与全球人工智能治理相关工作，深化与“一带一路”共建国家的务实合作，积极支持发展中国家人工智能技术和产业发展，通过多边、双边机制，进一步深化在人工智能领域的联合创新，推动《全球人工智能治理倡议》成为全球人工智能治理共识和实践准则。

二是借鉴《AI 法案》的有益理念，健全完善我国人工智能治理规则体系。结合我国产业发展和技术创新实际，加强人工智能伦理和法制研究。深入研究《AI 法案》提出的风险分级、对象分类、域外适用、包容创新等理念和举措，在综合《中华人民共和国网络安全法》《中华人民共和国个人信息保护法》《中华人民共和国数据安全法》《互联网信息服务算法推荐管理规定》《互联网信息服务深度合成管理规定》《生成式人工智能服务管理暂行办法》等相关法律法规的基础上，研究就人工智能进行综合立法的可行性、必要性、可操作性，适时提出更具前瞻性、系统性和针对性的立法计划。

三是及时跟踪《AI 法案》的后续进展和落地实施情况，做好相关风险的洞察、研判工作。建议结合我国人工智能技术、产业发展和监管工作现状，系统梳理《AI 法案》落地后可能对我国人工智能监管和域外合作产生的负面影响，定期研判相关风险动向并面向在欧中资企业发布合规提醒。

四是注重平衡监管与创新，打造多方参与、协同共治的治理模式，推动我国人工智能可持续发展。以总体国家安全观为指导，建立政府管理、企业履责、行业自律、社会监督等“多方参与、协同治理”的模式，充分发挥市场机制、企业活力和社会监督力量，共同完善人工智能技术创新和监管机制，协同应对人工智能发展面临的问题和挑战。

3.8　欧盟委员会提出《网络团结法案》提案

2023 年 4 月 18 日，欧盟委员会提出《网络团结法案》（以下简称《团结法案》）提案，旨在促进欧盟范围内的合作，为重大网络攻击做好应对准备。

12月7日，欧洲议会工业、研究与能源委员会（ITRE）通过《网络团结法案》的草案报告。12月20日，欧盟成员国就该法案达成共同政治立场。2024年3月5日，欧洲议会和欧盟理事会就该法案达成政治协议，3月6日，欧盟委员会对政治协议表示赞成。

一、基本情况

（一）出台的背景

在“欧洲安全联盟”框架下，欧盟致力于确保所有欧洲公民和企业在线上和线下都得到良好保护，建立开放、安全和稳定的网络空间。然而，网络安全事件的规模、频率和影响不断增加，对网络和信息系统的运作以及欧洲单一市场构成了重大威胁。通过拟议的欧盟《团结法案》，欧盟委员会响应了成员国关于加强欧盟网络防御能力的呼吁，该法案建立在《欧盟网络安全战略》和欧盟立法框架的基础上，以增强欧盟应对日益严重的网络安全威胁的集体韧性。

（二）主要内容摘编

《团结法案》旨在加强欧盟检测、准备和应对重大和大规模网络安全威胁和攻击的能力，包括建立由欧盟各地互联的安全运营中心组成的“欧洲网络安全盾”，以及旨在改善欧盟网络态势的综合网络安全应急机制、网络安全事件审查机制等主要内容。

一是建立“欧洲网络安全盾”。法案的核心内容是建立起由欧盟各国和跨境安全运营中心（SOC）组成的“欧洲网络安全盾”。网络安全盾包括国家级安全运营中心和跨境安全运营中心，创建了一个能够实时共享跨境信息的强大的威胁情报网络，这种情报共享机制将是预测和阻止网络攻击的关键。具体要实现如下功能：跨境安全运营中心汇集和共享来自各种来源的网络威胁和事件的数据；使用最先进的工具，特别是人工智能和数据分析技术，生产高质量、可操作的信息和网络威胁情报；更快地检测网络威胁和态势感知；为欧盟内的网络安全社区提供服务和活动，包括帮助开发先进的人工智能和数据分析工具等。

二是建立网络安全应急机制。法案的第二大要点是通过建立网络安全应急机制，提高欧盟在危机中的准备和应对能力。在发生重大网络安全事件时，该机制将简化整个欧盟的响应工作，有助于快速部署资源、专业知识和协调行动，以遏制违规行为，最大限度地减少中断并快速恢复服务。该机制将通过以下三方面行动做到这一点：准备行动——测试金融、能源和医疗保健等关键领域的实体是否存在可能受到网络威胁的潜在漏洞，待测试行业的选择将基于欧盟层面的共同风险评估；响应行动——建立欧盟“网络安全预备队”，由可信赖和经过认证的私营企业参与事件响应服务，帮助成员国或联盟机构、团体解决重大问题或大规模网络安全事件；互助行动——该机制将支持一个成员国向另一个受网络安全事件影响的成员国提供帮助。

三是建立网络安全事件审查机制。法案的最后一个要素是建立起网络安全事件审查机制，尽管预防和应对将来的事件至关重要，但该法案还重视从过去的事件中总结经验。该机制要求对重大网络安全事件开展事后审查和分析，以指引欧盟网络防御方法的未来发展方向。具体来说，应欧盟委员会或国家当局，即欧洲网络危机联络组织网络（EU-CyCLONe）或计算机安全事件响应中心（CSIRTs）的要求，欧盟网络安全局（ENISA）将负责审查特定的重大或大规模网络安全事件并进行彻底分析，提交审查报告。报告包括主要原因、漏洞和经验教训，并酌情提出改进联盟网络响应的建议。该机制将有助于加强欧盟的整体网络防御，并为防止未来攻击的战略提供信息参考。

四是相关资金投入情况。欧盟《团结法案》下所有行动的预算总额为 11 亿欧元，其中超三分之二将用于“数字欧洲计划”（DEP）网络安全战略目标下的资金支持。法案还建议从DEP其他战略目标中重新分配 1 亿欧元增量，这将使DEP下可用于网络安全行动的总额达到 8.428 亿欧元。

二、分析研判

一是该法案体现了“人人为我，我为人人”的精神，承认集体防御是加强欧盟网络安全的基石。《团结法案》强调部署一套欧洲网络安全集体防御系统、建立网络安全应急机制，希望促进欧盟范围内的合作，有助于提高欧盟及其成员国以更高效的方式预防、应对大规模网络威胁与攻击的能力。这可以视为欧洲集体防御政策在网络安全领域的延伸，以夯实成员国之间的协同基础，促进欧洲的区域网络安全防护体系不断走向健全。集体防御的理念不仅贯穿于该法案全文，也向其对手释放出强烈信号，彰显出欧盟正努力建立“统一战线”，以对抗那些试图破坏其网络安全的国家、组织和个人。

二是该法案为各成员国应对网络安全事件提供了具备可操作性和创新性的方法指导。在技术层面，强调使用人工智能和数据分析等先进技术进行威胁检测和态势感知，为网络安全赋能；在机制层面，注重公私合作，提出建立的网络安全应急机制以“网络民兵”为支撑，形成了共筑网络安全防线的强大合力；在监管思路层面，不仅注重事前预防和事中应对，还强调事后的审查与复盘，构建起全链条的网络安全防御体系。欧盟委员会执行副主席玛格丽特·维斯塔格表示，《团结法案》是《欧盟网络安全战略》的最后一部分，它使联盟内部的合作变得可行。

三是该法案进一步完善了欧盟网络安全政策法律体系。近年来，欧盟高度重视网络安全制度建设，发布了《网络安全战略》《关于在欧盟全境实现高度统一网络安全措施的指令》《网络弹性法案》《网络安全法》《网络安全条例》等一系列网络安全相关法律和政策文件。《团结法案》与上述法律和政策文件的监管框架和目标是一脉相承的，进一步完善了欧盟网络安全法律体系，对提升欧盟网络弹性具有重要意义。

四是该法案的提出具有里程碑意义，但落实起来面临较大挑战。法案如果获得通过，有望显著改善欧盟的整体网络安全态势，但仍需克服种种困难，包括：在多个成员国之间协调如此庞大举措的复杂性不容低估，需要确保技术的无缝衔接、建立明确的协议，以及培育信任与协作的文化；网络安全是一个动态领域，要维护“欧洲网络安全盾”以及持续的事件响应机制的有效运转，需要源源不断的投资，欧盟必须确保分配足够的资源来支持该计划的长期运作；网络威胁形势不断变化，对手也在不断调整技术并开发新的攻击手段，法案必须足够灵活，开展定期评估和更新以应对新出现的威胁。

三、思考启示

当前《团结法案》仍处于立法进程中，在密切跟踪后续立法动向的同时，其在新形势下加快网络安全防御政策更新调整、多路径加强防御布局的做法也值得我们关注与思考。

一是加快推进网络安全领域顶层设计。《团结法案》被认为是“欧盟网络安全战略最后一块拼图”，是建立在强有力的网络战略、政策和立法框架之上，进一步对相关法律体系的完善。同时，与“欧洲地平线”等项目协同，其有助于加强欧盟网络安全生态系统各个层面的网络威胁检测、复原力和准备工作。这启示我国应当持续完善网络安全的顶层设计，形成体系完整、全域覆盖的法律法规和政策体系，维护网络空间的良好秩序。

二是加强网络安全应急响应与事件处置能力。从《团结法案》可以看出，欧盟正加速自主防务的执行和落地，持续加强网络安全智力储备和防御技术培育，且欧盟针对相关计划投入了较多资金，以全方位增强自主网络安全防御能力。这启示我国一方面应当强化网络安全自主可控和研发水平，全面提升网络安全领域综合防御能力；另一方面应当加强网络安全应急响应与事件处置演练和培训，建立完整高效的网络应急响应机制、公私合作参与模式和重大网络安全事件事后审查和分析流程等。

三是加强网络安全领域国际交流与合作。欧盟发布的《团结法案》是对制定欧盟网络团结倡议的回应，充分体现出成员国对加强集体防御能力和应对威胁的集体韧性的诉求。特别是在全球网络安全事件频发、网络安全形势依然严峻，甚至愈加错综复杂的国际背景下，我国应当积极开展国际合作，加强网络安全问题的信息共享及在网络安全技术和管理工作方面的沟通与协调，共同应对网络安全问题，同时积极汲取其他国家的成功经验和先进技术，主动争取网络空间的主导权和话语权。

3.9 欧盟委员会通过《欧盟－美国数据隐私框架》充分性决定

2023 年 7 月 10 日，欧盟委员会正式通过《欧盟－美国数据隐私框架》（DPF，以下简称《框架》）的充分性决定。基于该决定，美国企业可以将个人数据自由地从欧盟传输至美国，而无须实施额外的数据保护措施。这标志着欧美之间再次恢复了数据跨境流动的常态化机制。

一、基本情况

（一）充分性决定形成的背景

欧盟《通用数据保护条例》（GDPR）规定了自欧盟向第三国/地区或者国际组织传输个人数据的 3 种合法机制，分别是欧盟委员会的充分性决定、履行适当的保障措施以及义务克减情形。其中，充分性决定作为一种“白名单”机制，由欧盟委员会对非欧盟国家个人数据的保护水平是否达到了欧盟内部的保护水平进行判断并作出决定。一旦通过了充分性决定，个人数据可以自由、安全地从欧洲经济区（EEA）（包括 27 个欧盟成员国以及挪威、冰岛和列支敦士登）流向第三国，该国家或地区无须再为与欧盟的个人数据传输进行单独授权，也不受任何进一步条件或授权的约束。换言之，向第三国的传输可以以与欧盟内部数据传输相同的方式处理，这对于希望与欧盟开展经贸往来的国家和企业具有很大的吸引力。

鉴于跨大西洋经济关系的战略重要性，欧美之间长期存在着频繁的数据传输活动，美国一直致力于以通过充分性决定的方式在欧美之间形成稳定的数据传输机制，先后形成了《欧盟–美国安全港框架》和《欧美隐私盾牌》协定。然而，由于认为美国未能为欧盟主体提供有效的法律保护和救济措施以解决数据传输安全缺陷，上述框架均已被欧盟法院裁定无效。此后，经过多年的合作和谈判，2023 年 7 月，欧盟委员会通过《框架》的充分性决定，涵盖从欧洲经济区的任何公共或私人实体到参与《框架》的美国公司的数据传输。与之前的机制相比，新框架引入了重大改进措施。

（二）《框架》的改进情况

鉴于前期《欧盟–美国安全港框架》和《欧美隐私盾牌》协定被裁定无效的原因主要在于，美国国内立法缺少对政府监视活动的限制，美国情报机构执法时往往违反“比例原则”，存在过度执法现象，也未对数据主体提供有效的救济途径，欧盟认为美国未能达到同欧盟同等的个人数据保护水平。为打消欧盟方面的顾虑，本次《框架》一方面引入了新的具有约束力的保障措施，包括：将美国情报部门对欧盟数据的访问限制在必要和适当的范围内，美国情报机构在获取欧盟公民的数据信息时被要求遵循相关流程，并在总体上保留了尊重隐私和公民自由权利的规定；建立起明确的救济机制，国家情报总监办公室的公民自由保护官（CLPO）负责受理并初步审查是否存在违规行为，以及在必要时对符合条件的申诉采取适当的救济措施，如果申诉人不接受CLPO审查的结果，可以向美国司法部新设立的数据保护审查法院（DPRC）对CLPO的决定提起上诉，DPRC有权进行调查，从情报机构获得相关信息，审查CLPO所管辖违规行为的决定在法律上是否正确、是否有实质性证据支持，并能够作出具有约束力的救济决定，如果DPRC发现收集的数据违反了行政命令中规定的保障措施，DPRC将下令删除这些数据；以及建立起对《框架》的定期审查机制等。另一方面对美国公司规定了一系列详细的隐私义务，如当不再需要个人数据来实现收集目的时，应当删除个人数据，在将个人数据与第三方共享时必须确保数据保护的连续性等。

（三）生效、审查、执行的情况

充分性决定于 2023 年 7 月 10 日通过后生效，《框架》的运作将接受欧盟委员会、欧洲数据保护机构和美国主管机构代表的定期审查。第一次审查将在充分性决定生效后一年内进行，以验证所有相关要素是否已在美国法律框架中充分实施并在实践中落地。随后，根据第一次审查的结果，欧盟委员会将与欧盟成员国和数据保护机构协商，决定未来审查的周期，至少每四年进行一次。如果事态发展影响第三国的保护水平，可以调整甚至撤销充分性决定。《框架》将由美国商务部管理，该部将处理申请认证并监督参与公司是否继续满足认证要求。美国联邦贸易委员会将强制美国公司遵守《框架》下的义务。

二、分析研判

一是《框架》是欧美基于市场需求和地区/国家安全利益博弈与妥协的产物，体现了安全与发展的平衡之术。《框架》谈判历时 3 年，其间波折分歧诸多，其中一个非常重要的障碍在于美国始终未能解决欧盟对美国情报监控的担忧。而最终协议能够达成，与拜登上台后美国政府颁布的一系列在情报活动中保障公民数据安全的政策文件密切相关。2022 年《第 14086 号关于加强美国信号情报活动保障的行政令》和 2023 年《美国国家情报总监办公室关于第 14086 号行政命令的政策和程序》，对情报活动的范围和方式加以限制，这些政策文件是拜登政府对欧盟的重要承诺，也是欧盟委员会作出充分性决定的重要支撑。美国对国内数据保护制度的调整，是在欧盟对其个人数据保护标准持不认可态度的背景下，重新获得欧盟的认可的努力，从而在实质上实现了美国数据隐私保护标准向欧盟规范的逐步接轨或妥协。

二是《框架》能否有效实施和发挥作用还存在一定争议。虽然《框架》大大提高了欧美之间的数据传输效率，为频繁的数据传输活动提供了相对稳定的预期，推动欧美数据跨境流动规则不断向更高水平、更严标准、更加开放趋势发展，但美国公共机构尤其是情报机构在访问欧盟的个人数据方面往往权力过度扩张，仅仅依靠总统发布行政命令而非由国会通过立法来对该权力加以限制，缺乏稳定性与强制约束力，不排除未来再通过其他行政命令的方式进行推翻。再考虑到存在前两次协议被裁定无效的先例，本次充分性决定能否保持长期有效仍然存疑。

三是《框架》等系列数据治理政策的出台体现出欧美不断强化数据主权、

扩大自身数据治理规则影响力的愿景和趋势。近年来，欧盟和美国发布了系列数据战略方面的法律法规、行政命令、声明等，反映了其不断强化数据主权、获取数据资源、抢占数据治理规则主导权的趋势。美国方面，该国依旧不遗余力采取“数据跨境自由流动”和“长臂管辖”等双重原则，通过“外紧内松”的数据治理思路，一方面希望加强同盟友的数据资源整合，支持“可信赖的数据自由流动”，促进经贸发展；另一方面则希望严控数据流向域外，尤其是限制敏感数据流向“受关注国家”，以降低所谓国家安全风险。欧盟方面，多年以来GDPR的数据跨境流动监管规则已成为全球多个国家和地区在数据治理规则制定方面的参考典范，对全球数据治理格局产生了深远影响，本次美国在个人数据保护标准上进一步向欧盟靠拢，也是GDPR全球溢出效应的又一显著例证。

三、相关启示

《框架》反映出美欧数据跨境流动规则正在向更高水平、更严标准、更加开放的趋势发展，然而数据跨境传输规则并不存在唯一范式，对于文化、经济和数字技术水平各不相同的国家而言，如何恰当地协调数据跨境传输的矛盾是开展合作的关键命题。在各国数据跨境传输规则充斥不确定性的背景下，稳定的数据跨境传输国际秩序亟待建立，中国应当在此过程中进行更多的探索与尝试，发挥更大的作用。我们可以借鉴美欧通过双边协议模式破除数据跨境流动障碍的思路，完善数据出境安全管理制度，根据域外相关国家和地区的数据保护情况及对等原则建立动态跨境数据流动白名单机制，对部分可信国家开通数据出境便捷通道，同时进一步优化数据出境安全保障机制，加强对数据出境情况的监督检查，强化出境数据全生命周期风险防范与安全管理。

3.10 英国《在线安全法案》获批正式成为法律

2023年10月26日，英国首部专门用于规范搜索服务和“用户到用户”（U2U）服务的《在线安全法案》（OSA，以下简称《在线法案》）正式获批成为法律。作为英国的一项重大立法，该法案主要针对的是为违规内容和行为提供便利的社交媒体平台，旨在保护在线用户特别是儿童免受网络伤害。《在线法案》的最终实施，在一定程度上折射出英国持续加强网络安全监管、完善互联网法治建设的趋势。

一、基本情况

（一）出台背景

《在线法案》明确表示，要使英国成为“世界上最安全的在线国家”，这从侧面显示出其侧重于安全的立法初衷。2017 年，一名 14 岁英国女孩在社交媒体观看灰色内容后自杀，她的父母认为照片墙（Instagram）以及其他网络上的自我伤害内容是导致其死亡的直接原因，社交媒体平台需承担相应责任。对此，英国政府对社交媒体平台提出清理灰色内容的要求。英国通信办公室（Ofcom）发布的《在线国家报告 2020》显示，英国互联网普及率达 87%，在各项互联网应用程序和服务中，最受欢迎的是社交媒体。虽然大多数成年人有积极的互联网体验，依赖社交媒体和即时通信平台维持人际关系，但也有很多用户对日益增长的网络不良内容感到担忧，尤其是“合法但有害”的在线内容使平台沦为“滥用和霸凌的工具”。在此背景下，英国政府开始加强平台监管。

2022 年 3 月 17 日，英国议会接受了首个《在线法案》版本的提交，主要内容是对网络中“合法但有害”的灰色内容进行解决，防止其进一步扩散造成难以弥补的后果。经过大量修改，《在线法案》从处理“合法但有害”的内容，逐步过渡到强调儿童保护和删除网上的非法内容，相关过程中争议不断。正式获批后，英国防止虐待儿童协会等儿童权益团体称赞该法案的通过日是“对儿童来说重要的一天”，但公民自由团体和科技公司表示反对，抗议该法案有关加密和内容审核的条款将限制在线隐私和言论自由，有些甚至可能无法执行。对此，英国政府已开始考虑采取进一步的行动，例如限制 16 岁以下青少年的社交媒体访问权限，以保护他们免受网络伤害。

（二）要点摘编

《在线法案》包括 15 个章节，分别为“法律简称、目录”“定义”“注意义务”“未成年人保护措施”“披露”“透明度”“独立研究”“市场研究”“年龄验证的调查与报告”“指引”“执行法案”“儿童在线安全委员会”“生效日期”“解释规则及其他事项”“可分割性”。其主要内容涉及以下方面。

1. 执行规则和监管重点

采取零容忍方式保护儿童免受网络伤害，同时也确保成年人对网络浏览内容有更多选择权。《在线法案》规定，科技企业在预防和迅速删除恐怖主义等非法内容方面应承担法律责任，必须阻止儿童看到对他们有害的内容，包括霸凌、宣扬自残以及色情内容等。除保护儿童外，《在线法案》还要求科技企业为互联网用户提供 3 层保护：一是确保删除非法内容；二是通过条款和条件履行社交媒体平台在用户注册时向用户作出的承诺；三是为用户提供可以过滤掉不想看到的内容的选项。如果未遵守这些条款，Ofcom 可对相关企业处以最高 1800 万英镑或企业全球年收入 10% 的罚款，以较大金额为准。

2. 对利益相关方的指引和规制范围

科技企业的安全职责包括进行风险评估，确保始终了解在线内容性质、用户以及游戏等互动可能带来的危害，采取相应措施降低非法内容带来的风险。Ofcom 负责发布守则和指南，支持企业使用特定的工具进行内容审核、用户分析和行为识别。科技企业需要明文规定如何保护个人免受非法内容的影响，并坚持执行这些规定。企业需要向用户提供更多有关保护措施的信息，可采取问答（FAQ）形式，使其能够被所有年龄段人群理解。除搜索引擎/U2U 服务商外，《在线法案》对服务接入者也规定了一定程度的合规义务，例如配合 Ofcom 对搜索引擎/U2U 服务商的执法行动。典型的服务接入者包括互联网接入提供商、软件应用商城运营者等。

按程序，该法案大部分条款将从成为法律两个月后开始实施，但英国政府已提前启动关键条款，从 2023 年 10 月 26 日起将 Ofcom 确立为英国网络安全监管机构，并允许该机构就打击网络非法内容开展准备工作。

同时，该法案具有域外效力，规定“服务的使用者大多数为英国用户，或英国是该服务的主要目标市场”“在英国境内的自然人可以使用该服务，并且有合理理由推定该服务对在英国境内的自然人存在造成实质伤害的重大风险”两种情形的服务商受到《法案》管辖。

二、内容简析

（一）标志着英国政府开始加强平台监管

《在线法案》认为，平台与公共空间类似，既然公共空间的所有者和管理者负有法定注意义务，社交媒体平台也应负有注意保护其用户尤其是儿童免受有害内容侵害的义务。这与英国之前坚持的“避风港”原则不同，服务提供商不能完全免于承担用户生成内容（UGC）的责任。如今，平台已经越来越多地参与内容的编辑和处理过程，内容与传输也很难区分。根据“避风港”原则，服务提供商无须承担与内容制作和传播有关的法律责任，但立法者并没有完全免除中介机构的责任。欧盟《电子商务指令》第 48 条明确保留成员国的权力，成员国可以制定法律要求中介机构履行“可以合理预期的谨慎义务……以发现和防止某些类型的非法活动”。法案对所有服务施加了更加严格的法定注意义务。若平台未履行注意义务，监管机构有权对平台所在公司进行处罚。

（二）将有害内容纳入法定监管范畴将成为趋势

随着平台权力和影响力的扩大，将“合法但有害”的内容纳入法定监管成为有效治理路径。虽然《在线法案》在草案的基础上做出了部分妥协，但德国、新加坡等国家也开始将有害内容纳入法定监管范围。例如，德国《网络执行法》要求社交媒体公司在收到用户通知后 24 小时内删除仇恨言论、煽动性言论以及虚假信息。新加坡《防止网络虚假信息和网络操纵法案》提出保护公众免受虚假信息的操纵，促进网络广告的真实和透明。

（三）追求监管权力与言论自由之间的平衡

互联网立法挑战的核心涉及表达自由。英国互联网内容治理的基本逻辑在于谨慎地实现多方利益，尤其是政府监管权与公民言论自由和隐私权之间的平衡。为了达到这种平衡，英国禁止公权力过多干预传媒，尤其是禁止行政部门对传媒内容进行事先约束。为了更好地平衡监管权与言论自由权，法案将保护言论自由设为独立的一章，并要求平台在履行职责时充分考虑言论自由的重要性。对于 I 类服务提供商（根据《在线法案》，I 类服务提供商主要包括市场覆盖范围最大的网络平台企业，其界定接近于欧盟的超大型平台企业），《在线法案》要求网站在决定是否删除内容、对制作上传或共享内容的用户采取行动时，应首先考虑表达自由。对用户采取的行动包括限制用户访问、向用户发出警告、暂停或禁止用户使用服务等。此外，I 类服务提供商还需要定期发布言论自由影响评估报告，并证明已采取措施减轻任何对言论自由的不利影响。这些措施理论上可以减轻网络平台履行在线安全职责时过度限制内容的风险。

三、相关启示

与美国相关平台反垄断法案一样，英国《在线法案》可能由此依法赋予政府审查与判定有害内容的范围的权利，并由此发展出适合其意愿的言论自由。法律标准的制定或调整，除了对广大用户产生直接影响外，对平台的影响也非常大。作为英国首部重磅内容安全法案，其生效将深远影响信息访问、自由表达和跨国界隐私的标准一致性。随着越来越多的政府单方面颁布与内容审核或加密相关的法律，平台可能面临日益复杂的监管现实，其中一些法律可能适用于域外甚至存在冲突。对此，政府与平台企业应加强行业调研和交流，结合跨领域专家意见，适时对企业进行政策指导、风险预警和国际协调，为促进平台企业健康发展提供更好的保障。

3.11 英国发布《国家量子战略》

2023年3月15日，英国科学、创新与技术部（DSIT）发布《国家量子战略》，以下简称《战略》。战略描述了未来10年英国成为领先的量子经济体的愿景和行动，以及量子技术对英国繁荣和安全的重要性。

一、基本情况

（一）出台背景

量子技术作为各国政府的优先发展技术，对于经济增长、国家安全至关重要，率先开发并在整个经济领域广泛使用量子技术的国家将在生产力、经济增长、可持续性发展以及国家安全和复原力方面拥有巨大优势。过去10年，英国已经在量子计算、量子传感和授时、量子成像、量子通信等方面建立了领先的能力。英国曾在2014年设立世界上第一个国家量子技术计划（NQTP），投入10亿英镑支持优秀研究并将技术转化为应用，积累了研究人才、技术、知识库和供应链产业等方面的优势资源。2023年，为巩固英国在量子领域拥有的世界领先优势，英国政府成立科学、创新与技术部，制定并发布更富雄心的《国家量子战略》，规划未来10年英国量子领域发展愿景，在与各界充分协商的基础上，根据最新进展和发展趋势，通过制定更广泛、更详尽的政府行动计划，使这一国家战略逐步取得成果，以助力其成为世界上最具创新力的经济体及超级科技大国的使命。

（二）主要内容摘编

1. 一个愿景

战略的10年愿景是到2033年，英国成为世界领先的量子经济体，以卓越的科学基础来发展量子技术，确保量子技术成为英国数字基础设施和先进制造不可或缺的一部分，推动建立强大而有弹性的经济和社会。

2. 四大目标

为了实现这一愿景，战略设定四大目标。一是确保英国成为世界领先的量子科学和工程发源地，不断增加和提高英国的知识和技能。到2033年，实现保持在量子科学出版物方面世界排名前三的位置、增加研究出版物数量、额外资助1000名量子相关学科研究生、根据实质性合作工作计划与另外5个领先量子国家达成双边安排的目标。二是支持商业发展，使英国成为量子企业的首选之地、全球供应链不可或缺的一部分，以及投资者和全球人才的首选地点。到2033年，实现占全球量子技术公司私募股权投资15%、全球量子技术市场15%份额的目标。三是推动量子技术在英国的应用，为经济、社会和国家安全带来利益。到2033年，相关关键行业的所有企业都将意识到量子技术的潜力，75%的相关企业将采取措施为量子计算的到来做好准备。四是创建一个国家和国际监管框架，支持量子技术的创新和道德使用，并保护英国的能力和国家安全。到2033年，使英国成为制定全球量子标准的全球领导者。

3. 十三项优先行动

该战略列出了为实现以上目标将采取的优先行动。一是从2024年起的10年内，政府投入25亿英镑的资金用于量子研发。这将包括投资未来量子技术和科学领域研究中心网络、加速器计划、培训和人才计划、国际合作计划、基础设施和基础研究、国家量子计算中心等。二是新增投资量子技术资金，包括启动价值7000万英镑的量子计算和授时（PNT）任务计划，投资1亿英镑继续发展量子计算、通信、传感、成像和授时应用，投资2500万英镑用于增加量子奖学金和博士培训、1500万英镑用于促进政府采购公共使用的量子技术、2000万英镑用于量子网络协作研发、2000万英镑用于国家量子计算中心增加的活动以及通过新的国际科学伙伴基金加强国际合作。三是认识到技术人才的重要性，启动新的量子博士培训中心和奖学金、量子技能工作组，并制定行业安置计划和量子学徒计划。四是积极寻求吸引、留住和投资想要来英国的量子技术人才，包括提供全球人才网络的量子流。五是委托对量子领域的基础设施进行独立审查。六是在国内外展示英国量子公司，发起有针对性的活动，以在全球供应链中创造业务、释放资本并帮助本国公司扩大规模。七是吸引和支持想要从海外迁往英国的量子公司，提供项目和投资机会。八是扩大政府采购力度，使政府作为新兴技术的早期采用者来支持技术发展，并向其他经济部门展示量子技术价值。九是加快国家量子计算中心的工作，支持英国经济关键部门（包括政府）采用量子计算，并为企业、研究人员和其他用户提供一个窗口，以协商获取量子计算资源并探索如何使用。十是在双边、多边和更广泛的多边论坛上扩大与全球盟友的伙伴关系，包括制定与量子技术相关的国际规范和标准。十一是监管视野委员会对量子技术应用进行监管审查，以促进该行业的创新和发展。十二是保护量子领域关键能力，包括使用《国家安全投资法》和出口管制确保监管与安全，以及为量子界提供指导和支持。十三是在科学、创新与技术部内设立量子办公室，以确保重点推动实施该战略，并定期向由总理担任主席的国家科学技术委员会报告。

二、分析研判

一是该战略的总体愿景体现了英国意在抢占量子技术发展话语权、主动权的总体思路。该战略基于对英国量子技术发展的领先优势总结，制定新的10年发展承诺，通过为量子研究的新领域提供资金，为量子革命做好更广泛的基础准备，使英国成为尖端科学突破的发源地、全球启动和发展量子业务的最佳地点、国际量子和技术界的领头羊以及吸引国际量子人才的磁石，确保英国在量子技术的监管和道德使用方面处于国际领先地位。这些概述都体现出英国意在通过该战略的实施保持量子技术全球领导者地位，抢占量子技术发展话语权、主动权的总体思路。

二是该战略设立的四大目标体现出英国对量子技术产业化应用和商业化落地的迫切期待。该战略通过对量子技术发展现实挑战的分析，认为英国仍处于量子商业化的早期阶段，大多数量子技术还处于研究、开发或早期演示阶段，开发量子产品和服务可能是一个漫长且充满挑战的过程，需要持续的投资和支持才能获得利润。因此，该战略四大目标中的目标二提出支持技术商业化和产业化发展；目标三提出推动技术落地，为英国经济、社会以及国家安全发展带来利益。具体来说，该战略提出通过制定新的量子技术加速计划，重点关注系统集成、应用和实际演示，加速商业化、工业化，并将该行业与最终用户联系起来，以支持该行业利用市场机会为英国建立战略优势。此外，该战略还列出了与净零排放、国家安全、健康、数字创新和关键增长领域相关的一些应用机会领域，特别是与未来其他 4 种技术（人工智能、未来电信、半导体和工程生物学）相关的机会领域，旨在让量子技术造福社会。

三是该战略总结的 13 项优先事项体现出量子技术发展需要全方位协同的

系统和生态。从该战略提出的优先事项可以看出，建设量子科技创新生态系统需要多个维度，包括资金维度、技术维度、人才维度、应用维度、社会环境维度、组织保障维度、国际合作维度等。该战略在制定的过程中对英国量子界进行了广泛的咨询，未来也需要与量子界持续合作。该战略提出，在量子技术发展的相对早期阶段，主要通过运用政府可用的所有杠杆来加强整个量子生态系统建设。随着技术的成熟，以及特定领域成功的技术解决方案变得更加清晰，计划可能需要改变并变得更加量身定制，需要与各方主体密切合作，了解什么支持措施是有效的，以及需要如何调整，并就未来方案的设计广泛征求意见。

三、相关启示

一是作为大国竞争的优先发展事项，加大发展量子技术的布局和投资力度。继芯片竞争之后，量子或将掀起全球新一轮科技博弈浪潮。英国通过《国家量子战略》更加注重量子政策体系的完善和创新，也启示我们进一步完善量子发展的政策体系建设，通过国家战略布局，以更多元化的手段来推进技术进步与产业发展。

二是该战略发展目标的实现需要明确可行的具体任务和执行力强的组织来配合和支撑。多年来，英国量子技术的蓬勃发展，离不开政府、学术界、工业界和用户之间的紧密合作，形成了完备的量子技术学术和产业集群。该战略也强调严格的实施和执行方法，旨在依托专门成立的量子办公室协调各方工作，并向由总理担任主席的国家科学技术委员会报告交付进展情况，还通过建立一个新的战略计划委员会管理该战略的实施。此外，在该战略的基础上，后续又公布了经过政府、行业、学术界和投资者多方讨论的 5 项重要任务方向，并制定了时间表。相关行动都体现出英国政府实现发展愿景的坚定决心，也启示我们量子技术取得突破性进展是举全国之力共同作用的结果，需要建立统一的机制统筹政策制定、协调资源利用、监督计划执行，还要制定相应的路线图和时间表，分阶段实现发展目标。

三是建议促进产学研深度融合和协同创新，为量子技术商业化落地做好准备。战略提出培训量子技术研发和产业人才、投资培训劳动力以满足未来产业发展需求、建立全面技术标准和监管体系、通过国际合作最大化推进英国量子技术产业等措施，旨在推动英国量子技术早日实现商业化。这启示我们要加快量子科技领域人才培养力度，加快培养量子科技领域的高精尖人才，同时提高量子科技理论研究成果向实用化、工程化转化的速度和效率，促进产学研深度融合和协同创新。

3.12 印度通过《2023年数字个人数据保护法案》

2023年8月9日，《2023年数字个人数据保护法案》（以下简称《法案》）在印度上院联邦院（Rajya Sabha）通过，标志着印度在保护数字隐私方面迈出重要一步。印度由此成为全球范围内最新建立数据保护立法的国家之一，也为其保护个人隐私信息及数据安全奠定了比较坚实的法律基础。

一、基本情况

（一）出台背景

印度本轮个人数据保护立法始于2018年首版法案《2018年个人数据保护法案》，由于法案过于严格等问题，经过反复修改、撤回以及更名，于2022年11月形成第四版《2022年数字个人数据保护法案》（以下简称《2022法案》）。此次通过的《法案》正是在《2022法案》的基础上，保留了数据受托人义务、数据委托人的权利和义务以及创设印度数据保护委员会等主体立法框架，对“数字个人数据”“特征分析”“特定合法使用”等关键概念以及数据出境、豁免与违法处罚等规则作出了进一步调整，形成了更加广泛的社会共识。

（二）要点摘编

《法案》适用于对印度境内数字个人数据的处理，其中个人数据包括以数字形式或非数字形式收集并进行数字化。《法案》同时适用于在印度境外处理个人数据，如果此类处理与向印度个人提供的商品或服务有关，则视为该法案在某种程度上具有域外适用性。

7项原则。①同意、合法和透明使用个人数据的原则，强调个人数据处理应在获得同意的合法基础上进行，并保持透明度；②目的限制原则，强调个人数据仅能用于获得数据主体同意时指定的明确目的；③数据最小化原则，强调个人数据的收集应仅限于达到特定目的所需的范围；④数据准确性原则，要求确保个人数据的准确性和时效性，避免错误信息的传播；⑤存储限制原则，规定个人数据仅应保存至达到指定目的所需的期限；⑥合理安全保障原则，要求采取适当的安全措施来保护个人数据免受未经授权的访问、泄露等威胁；⑦问责原则，通过对数据泄露和违反法案规定的行为进行裁决，确保责任追究和合理处罚。上述原则共同确保了个人数据在合法、透明、安全和可控的框架下进行处理，同时维护了个人权利和隐私。

个人权利规定。①访问有关其个人数据处理情况的信息的权利，以确保透明度和可追溯性；②更正和删除其个人数据的权利，以保证数据的准确性和完整性；③申诉救济的权利，为个人提供一种途径来解决与数据处理相关的争议或问题；④在死亡或丧失行为能力的情况下，提名他人代为行使个人数据权利的权利，保障权利的延续。

数据受托人及其义务。数据受托人即单独或与其他主体共同决定处理个人数据的目的和方式的主体，此处“主体”包括个人、公司、企业、国家等主体，与欧盟《通用数据保护条例》（GDPR）中规定的“数据控制者”概念类似。数据受托人应履行的义务包括：①必须采取安全保障措施，以防止个人数据的泄露和不当使用；②在个人数据发生泄露的情况下，必须向受影响的数据主体和数据保护委员会及时通报；③当个人数据不再需要用于特定目的时，必须删除该数据；④在数据主体撤销同意的情况下，必须删除个人数据；⑤必须建立申诉和纠正的机制，并指定一名官员负责回答数据委托人的查询。

《法案》明确规定中央政府综合考虑处理个人数据的数量和敏感性、对数据委托人造成损害的风险、对国家安全以及公共秩序的影响等因素，有权将任何或某一类数据受托人界定为重要数据受托人，其认定由印度政府以通知的形式作出。重要数据受托人需要履行额外的义务，包括：①任命一名常驻印度的数据保护官，在对董事会或类似管理机构负责的同时，作为申诉补救机制联络人；②任命一名独立的数据审计员，以评估重要数据受托人是否遵守法律规定；③进行数据保护影响评估和定期审计，以实现更高水平的数据保护。

此外，《法案》也对其他类型主体作出界定，如：“数据主体”指个人数据涉及的个体，如果该个体为未成年人（未满 18 周岁），则应包括其父母或合法监护人；“数据处理者”指代表数据受托人处理个人数据的主体；“同意管理者”属于数据受托人，对数据委托人负责并代表数据委托人行事。在未成年人个人数据保护方面，《法案》将未成年人权益及隐私保护置于优先位置，规定：①数据受托人仅在获得父母同意的情况下，方可处理未成年人的个人数据；②严格禁止进行有损未成年人福祉的数据处理，以及涉及未成年人跟踪、行为监控或定向广告的处理。

印度数据保护委员会及其职能。《法案》授权中央政府设立印度数据保护委员会，并作为独立机构运作，负责对不遵守《法案》规定的行为进行裁决，并对违规行为实施处罚。其主要职能：①提供补救或减轻数据泄露的指示；②调查数据泄露和投诉并处以经济处罚；③将投诉提交替代争议解决方案并接受数据受托人的自愿承诺；④建议政府封锁屡次违反条例草案规定的数据受托人的网站、应用程序等。相比《2022 法案》，新版《法案》对于设立委员会的制度安排和职能行使作出了更加具体的规定，印度政府对该委员会具有较强控制权。此外，数据保护委员会拥有相当于民事法院的裁决权，有权对违规主体处以罚金，并可请求警方以及中央或地方政府官员的协助。

其他重点变化。数据出境方面，新版《法案》修改了《2022 法案》中一项比较严格的规定，即由“个人数据仅在中央政府进行必要因素评估后通知数据受托人方可出境”，改为“中央政府可通知限制相应的个人数据出境行为”，同时《法案》该项规定并不限制印度其他现行有效法律的适用性。关于豁免规定方面，主要目的是为特定情况下的数据处理提供一定的灵活性，同时确保数据处理的合法性前提。具体包括：对于指定机构，为了安全、主权、公共秩序等利益；用于研究、存档或统计目的；对于初创公司或其他已通知类别的数据受托人；执行合法权利和主张；履行司法或监管职能；预防、侦查、调查或起诉犯罪行为；根据外国合同在印度处理非居民的个人数据；经批准的合并、分立等；寻找违约者及其金融资产等。此外，《法案》还规定生效 5 年内中央政府具有任意豁免权，扩充了豁免权行使的范畴。处罚方面，《2022 法案》对于违法行为设置了 25 亿卢比的最高门槛，如果委员会调查后认为后果严重，可增至 50 亿卢比。这一加重处罚设计在新版《法案》中被删除，目前处罚上限仍为 25 亿卢比。

二、内容简析

（一）依赖后续配套规则，实际履行空间仍待明确

《法案》规定了个人数据的处理方式，既承认个人保护其个人数据的权利，也承认出于合法目的以及与之相关或附带的事项处理个人数据的需要，力求实现以最小的干扰引入数据保护法律保障。与《2022 法案》相比，新版《法案》进一步强化了印度政府对数据领域的监管，同时也带来对中央政府较多的豁免

授权，以及对后续配套规则的依赖，导致法案距离落地执行仍有较多待明确的内容。此外，《法案》豁免情形应用过于广泛、印度数据保护委员会很大程度受控于中央政府等问题也引发一定质疑。对此，印度通信与电子信息部作出解读，表示印度《法案》中与政府相关的豁免情形少于欧盟的GDPR，豁免范围符合印度宪法，“最重要的目标”之一是“使大型科技公司承担更多责任”，同时也为印度公民数据安全提供了充分保障。在此情况下，《法案》的后续应用和发展依然存在较大空间。

（二）具有较好的易读性和创新性

《法案》充分体现出简洁明了的文辞特点，符合简单、易懂、合理和可执行的立法原则。具体包括：使用通俗易懂的语言，确保法案文本易于理解；通过插图的形式，将法律概念呈现得更加清晰易懂；避免使用复杂的附带条件，使法律条文更加明确；最大限度减少交叉引用，使法案的结构更加清晰。这样的设计使《法案》内容不仅更容易得到业界和公众的理解，也为其落地实施提供了明确指导。

（三）开启兼顾数据保护与商业发展的自有法制模式

对应中国、欧盟、美国代表的全球 3 类数据保护模式，印度《法案》在设计之初参考了全部 3 类模式的理念，尤其受到欧盟GDPR的影响。欧盟GDPR从法律层面要求个人数据流出欧盟的前提是保障“对自然人的保护水平不会降低”，印度在一定程度上取消了原有的数据本地化要求，在确保隐私的同时促进经济活动的国际数据流动。《法案》通过规范数据受托人的权利义务，赋予企业等主体更大自主权，并且特别考虑了初创企业及大型科技公司的需求，通过豁免和有针对性措施支持印度数字经济发展，为印度在全球数据治理中赢得了新的更大空间，成为实用主义立法的一个典型案例。

三、相关启示

印度作为全球范围内的大体量发展中经济体，在国内建立了庞大的数字贸易市场，拥有数量众多的互联网用户，近年来一直致力于完善国内数据安全监管制度。新版《法案》的出台，一方面呈现出数据保护相关立法的复杂性，其几经修改调整，主要涉及数据本地化需要解决的具体问题以及开放与保护主义的平衡点，必须就相关情形作出准确阐释；另一方面，各国需要从本国国情出发，研究并提出解决问题的替代性方案，注意拟执行措施对公民自由、国家运作等方面的影响以及对所有利益相关方的影响，设计包容性的例外条款，确保监管权与自由化的平衡。此外，从立法协调视角出发，可以通过设计具有一定包容度的例外条款，降低国内监管遭遇外部挑战的风险，为司法管辖权的域外行使提供前提条件，使其能够动态地满足现阶段数字经济的发展需求，又不必过度受制于国际义务。

第 4 章

全球网络安全和信息化热点专题

4.1　2023 年生成式人工智能发展现状与治理
4.2　2023 年全球跨境数据流动情况综述
4.3　2023 年全球个人数据保护立法与实践
4.4　2023 年卫星互联网发展趋势探析
4.5　2023 年高性能计算发展与前景分析
4.6　2023 年量子技术发展现状与挑战
4.7　全球社交媒体平台观察之一：Meta 推出社交媒体平台 Threads 相关情况分析
4.8　全球社交媒体平台观察之二：法国大规模骚乱事件背后的网络社交平台作用

4.1 2023 年生成式人工智能发展现状与治理

2022 年年底，美国 OpenAI 公司推出基于 GPT-3.5 架构的大语言模型——ChatGPT。2023 年，在技术、产业、资本等各方的加持下，ChatGPT 在各行各业引发巨大讨论，“带火”了生成式人工智能这一未来新兴技术领域，推动人工智能产业及其他各行各业探讨谋划未来的数字化发展与转型问题。同时，每一个新兴技术都天然存在一定的安全风险问题，如何识别、判定和管控风险，成为 2023 年各国特别是世界主要国家重点关注的课题。2023 年，在总体国家安全观的指引下，中国已在生成式人工智能技术监管方面成为“第一梯队”，国家互联网信息办公室等七部门于 7 月联合公布《生成式人工智能服务管理暂行办法》；10 月提出《全球人工智能治理倡议》，围绕人工智能发展、安全、治理三方面系统阐述了人工智能治理的中国方案。本节旨在梳理分析“发展与安全”命题下的 2023 年生成式人工智能发展与治理现状，并对未来发展趋势进行展望。

一、“发展与安全”命题下的总体态势

2023 年，以 ChatGPT 为代表的生成式人工智能技术实现了重大跨越，展现了突飞猛进的发展态势。OpenAI 公司于 3 月 14 日发布了基于 GPT-4 架构的新一代 ChatGPT 应用程序，其可针对用户输入的图片内容进行信息识别与处理，并基于图片内容作出回答。在 ChatGPT 爆火之后，谷歌、亚马逊、百度等全球“巨头”也纷纷加入生成式人工智能商业浪潮之中，芯片、系统、浏览器、应用程序等相关产业也纷纷开始拥抱新兴技术。

同时，技术超速发展必然带来一定的安全问题，数据安全、隐私安全、网

络安全等话题频频成为治理焦点，特别是GPT技术的过快发展带来的安全隐患成为政界、技术圈、产业圈、公众等多层面热议的话题。2023年，中国、美国、英国、欧盟等世界主要国家和组织纷纷在不同的法律政策层面，加强对生成式人工智能发展与安全领域的战略布局，对本国、本地区的发展与安全设定限度、规范边界，更好推动生成式人工智能技术健康有序发展。

二、2023年技术发展现状与治理特点

（一）企业纷纷入局，竞争态势明显

ChatGPT的一炮走红带来了整个产业和市场的活力迸发，OpenAI的最大投资方微软，以及谷歌、Meta、亚马逊等超大互联网企业纷纷入局，在技术创新和产品发布等方面形成竞争追逐之势。OpenAI公司于3月升级推出ChatGPT-4，并于11月推出用户自定义版本的ChatGPT和GPT商店，以打造更完备的人工智能生态。微软从1月开始就陆续探索将ChatGPT等人工智能工具整合进其旗下各类产品，包括搜索引擎“必应”（Bing）、浏览器Edge、办公软件Office套装、Windows 11系统等，试图占据相比于谷歌等其他企业在同类产品上的优势地位。与OpenAI、微软存在竞争关系的其他超大企业也不示弱，纷纷抢占技术和市场高地。谷歌于2月推出对标ChatGPT的名为Bard的人工智能聊天机器人，并陆续将该应用嵌入其旗下谷歌邮箱（Gmail）、谷歌地图、谷歌文档和优兔网等，谷歌还于9月推出对标GPT-4的Gemini技术产品，与OpenAI开展竞争的态势非常明显。SpaceX创始人马斯克旗下的人工智能初创公司xAI于11月推出人工智能模型Grok，其性能介于ChatGPT-3.5和ChatGPT-4之间，主要特点是其语料库包含X平台信息。Youtube、Instagram、WhatsApp母公司Meta于9月宣布推出包括人工智能聊天机器人、人工智能图像编辑工具和人工智能贴纸等在内的多款生成式人工智能产品。亚马逊也相继发布人工智能工具Bedrock和面向其云平台（AWS）客户的人工智能聊天机器人Q。美国无广告订阅搜索引擎Neeva、视频会议平台Zoom等也纷纷宣布推出生成式人工智能产品。

同时，由于生成式人工智能需要远超以往的超大算力，因此头部企业也在打造技术配套产品上加大投入。如2023年5月，英伟达公司宣布推出名为GH200 Grace Hopper的超级芯片，用于训练下一代生成式人工智能模型。9月，高通宣布计划将生成式人工智能技术整合进其下一代高端芯片之中，为移动终

端用户提供本地化、个性化的信息推荐服务，最大限度降低移动终端上的人工智能成本。11月，微软宣布推出名为Maria、Cobalt的新款人工智能芯片，以提升人工智能计算能力并降低工作成本。

（二）拓展应用场景，提升能力效果

2023年，除了超大企业热衷于加速研发和应用、推广生成式人工智能技术之外，部分国家开始探索将其运用到政务、教育、商务等领域，希望利用大模型技术提升相关工作的效能。

例如，印度、日本、美国等国将ChatGPT运用到政务服务之中。印度电子和信息技术部下属名为Bhashini的团队探索基于ChatGPT打造语言翻译平台，帮助印度人民特别是农民及时获取相关的政府关键政策信息，该平台预计支持超过12种语言，包括英语、印地语等。日本农林水产省4月表示，正在使用ChatGPT对公开的官方文件进行精简工作，如精简补贴申请等公共服务线上手册，以便相关文件更容易被公众所理解。ChatGPT还被应用于起草回应日本国会质询材料、整理会议纪要、分析统计数据等行政类事务之中。美国民主党人莎梅恩·丹尼尔斯称使用生成式人工智能呼叫机器人Ashley开展2024年国会选举工作，通过该机器人，竞选者可以实现覆盖面更广、更具有针对性的选民电话沟通活动。智利于12月发布《政府部门人工智能工具使用指南》，鼓励政府部门通过负责任的方式充分使用人工智能工具。

同时，随着微软和OpenAI推出企业级、定制化的生成式人工智能服务，ChatGPT已开始在香港大学、香港中文大学、香港理工大学等8所院校部署，为教师和学生提供更好的研究协作工具和教学质量保证。此外，咨询公司麦肯锡发布的全球人工智能调查报告显示，在生成式人工智能工具发布不到一年的时间中，超过30%的受访者表示，其所在企业在至少一项业务中使用了人工智能工具，且涉及的行业不再仅限于科技企业；超过25%的受访者表示已将使用人工智能列入董事会议程，并成为企业战略发展重点之一。

（三）安全隐患初现，呼吁加强监管

随着ChatGPT的上线普及和大范围的应用测试，生成式人工智能技术引发的多领域安全风险逐渐被全世界关注。

在数据安全领域，已出现多起使用生成式人工智能技术产出虚假信息的典型案例。例如，2023年6月，美国纽约联邦法官指控Levidow, Levidow & Oberman律师事务所引用了由ChatGPT撰写的一份由虚假案例进行引证的法庭报告，并对其处以 5000 美元的罚款。2023 年 7 月，韩国个人信息保护委员会（PIPC）指控 OpenAI 泄漏 687 名韩国用户的个人信息，并对其处以 360 万韩元的罚款。2024 年 3 月，英国《卫报》编辑创新主管克里斯·莫兰撰文称，该报社记者收到研究人员来信，说他们在使用 ChatGPT 进行科研活动期间发现，ChatGPT 提及的该名记者多年前撰写的文章内容是虚假的，但行文风格和涉猎领域却与该名记者相关。

在网络安全领域，多家网络安全公司指控生成式人工智能平台存在安全漏洞。如网络安全公司 CyberArk 发布技术报告指出，使用 ChatGPT 创建的恶意程序可轻而易举地绕过安全防护工具。以色列网络安全厂商 Check Point 研究团队在测试时发现，ChatGPT 可生成钓鱼电子邮件、代码及能够攻击计算机的完整病毒感染链条。俄罗斯卡巴斯基实验室发表研究报告指出，ChatGPT 可被用于生成恶意代码、实施钓鱼网络攻击等活动，在一定程度上增加了网络犯罪的可能性。此外，美国网络安全公司 SlashNext 发现暗网上正在售卖一种生成式人工智能工具 WormGPT，这个用于黑客活动的人工智能模型被指“接受了各种数据源训练，特别是与恶意软件相关的数据”。

面对生成式人工智能工具带来的安全风险，越来越多的行业内人士开始呼吁加强有效监管。如 OpenAI 公司内部就开始了对技术安全的反思，该公司创始人萨姆·奥尔特曼、总裁格雷格·布罗克曼和首席科学家伊利亚·苏茨克沃呼吁全球为人工智能设立一个类似于国际原子能机构的监管机构。2023 年 3 月，以马斯克、苹果联合创始人斯蒂夫·沃兹尼亚克、Stability AI 创始人莫斯塔克等为首的超过 1.1 万名人工智能领域专家、行业领导者和研究人员签署联名请愿书，呼吁暂停训练比 GPT-4 更强大的人工智能系统至少 6 个月，以“阻止人工智能技术发展陷入失控式竞争”。11 月，OpenAI 内部出现重大人事动荡，有分析认为，人事动荡背后源于部分 OpenAI 成员认为该公司正在开发的名为“Q*”的人工智能项目取得重大突破，而该突破“可能威胁到人类”。

（四）多国政府介入，开展监管探索

2023 年，多国政府逐渐认识到生成式人工智能技术存在的安全风险问题，采取设立专项研究机构、推进监管布局、开展安全审查等多种举措，加强对生成式人工智能的有效监管。

在机构设立方面，多国针对生成式人工智能这一新兴技术开展专项研究，为政府开展有针对性的监管提供有效支撑。2023 年 2 月，韩国科技部宣布开设专门用于人工智能技术研究的数据中心，以应对包括生成式人工智能在内的突飞猛进的新兴技术。2023 年 4 月，欧洲数据保护委员会（EDPB）宣布成立ChatGPT特别工作组，就欧洲各国未来开展的监管活动进行有效沟通，为制定欧盟范围内通用的人工智能隐私规则提供基础。2023 年，美国在机构设立方面动作频繁，如美国总统科技顾问委员会宣布成立生成式人工智能工作组，美国商务部下属机构美国国家标准与技术研究院（NIST）宣布成立生成式人工智能工作组和美国人工智能安全研究院（USAISI）等，在人工智能风险评估、安全标准制定、确保公平、负责任和安全地部署使用生成式人工智能等方面加强研究。

在监管布局方面，以欧盟和美国为代表的部分国家和地区探索形成针对包括生成式人工智能在内的新兴技术开展监管的原则举措。2023 年 12 月，欧洲议会、欧盟成员国和欧盟委员会三方就《人工智能法案》达成初步协议，该法案将成为全球首部人工智能领域的全面监管法规。2024 年 3 月，欧洲议会正式通过该法案。该法案将严格禁止“对人类安全造成不可接受风险的人工智能系统”，还要求人工智能企业对其算法保持人为控制，提供技术文件，并为“高风险”应用建立风险管理系统。2023 年 10 月，美国总统拜登签署一项行政命令，为人工智能安全制定了新标准。这一行政令要求，美国最强人工智能系统的研发人员需与政府分享其安全测试结果及其他关键信息；完善相关标准和测试工具，确保人工智能系统安全可靠；建立检测人工智能生成内容和验证官方内容的标准和最佳实践，以帮助民众防范人工智能造成的欺诈；建立先进的网络安全计划，开发人工智能工具查找和修补关键软件漏洞；研发制定“国家安全备忘录”，指导人工智能和安全方面的进一步行动等。此外，美国国土安全部下属网络安全和基础设施安全局（CISA）于 2023 年 11 月发布《人工智能路线图》，明确了“负责任地使用人工智能以支持工作开展”“评估和测试人工智能系统”“保护关键基础设施免遭人工智能恶意使用”“与国际机构组织开展人工智能技术沟通协作”“加强专业队伍能力建设”五大工作方向。

在安全审查方面，多国针对生成式人工智能技术开展专项安全排查，敦促相关企业制定安全防护机制。2023 年 3 月底至 4 月底，意大利个人数据保护局宣布在该国境内暂时屏蔽ChatGPT，对该平台存在的网络安全漏洞和数据隐私问题进行严格审查，意大利此举成为全球首个针对生成式人工智能的监管举措。2023 年 4 月，加拿大隐私专员办公室（OPC）、法国国家信息与自由委员会（CNIL）、西班牙国家数据保护局（AEPD）以及德国监管机构接连宣布对

OpenAI开展调查。2023 年 7 月，英国上议院就数据集是否存在偏见问题以及算法“黑箱”问题对生成式人工智能技术展开调查。

三、未来趋势分析及前景展望

（一）技术更新迭代，业界保持突飞猛进态势

当前，生成式人工智能技术发展呈现出 3 种突出趋势：其一，多模态生成式人工智能蓬勃发展。文本、语音、旋律和视觉效果等多模态的集合将在未来打造更复杂和多样化的交互场景，将在智慧城市、智能家居、医疗诊断、自动驾驶等方面不断拓展应用场景。其二，企业或将大规模部署定制化人工智能。许多企业或将部署规模可达数百个的定制化人工智能模型，以应用于不同领域和流程，并解决不同层面的发展问题。其三，国家级人工智能研究中心崛起。预计未来世界主要国家都将建立自己的人工智能研究中心，加强人才培养，培育产业集群，提升国家综合实力和国际竞争力。

可以预见的是，生成式人工智能将在更加安全可信的轨道上继续实现技术跃升、商业扩展和产业突破，特别是助力经济社会民生领域生产生活水平实现跨越式发展。

（二）加快战略布局，国际区域合作日趋频繁

2023 年，以中国、美国、欧盟为代表的世界主要国家和组织纷纷在人工智能监管方面积极谋划，特别是出现了多个国际和区域层面的合作案例。

在全球层面，美国、英国、欧盟、中国、印度等多方代表于 11 月在英国就人工智能技术召开首届人工智能安全峰会，发布《布莱切利宣言》，呼吁和倡导以人为本，希望人工智能科研机构、企业等以负责任的方式，设计、开发和使用人工智能。与会国一致认为，人工智能已经被部署在日常生活的许多领域，在为人类带来巨大的全球机遇的同时，还在网络安全、生物技术等关键领域带来了重大风险。10 月，联合国秘书长古特雷斯宣布成立人工智能高级别咨询机构，为国际社会加强对人工智能的治理提供支持。该机构由 38 名成员组成，这些成员来自中国、美国、俄罗斯、日本、英国、巴西、西班牙、以色列、德国、韩国、新加坡等多个国家。该机构将于 2024 年发布关于人工智能国际治理可选方案的最终报告，机构提出的建议将纳入联合国 2024 年 9 月举办的未来峰会的筹备进程，特别是峰会成果之一“全球数字契约”的谈判进程。在区域层面，七国集团（G7）于 5 月集体呼吁制定全球人工智能技术标

准，并宣布成立名为“广岛人工智能进程”的政府间论坛，随后于10月发布《开发先进人工智能系统组织的国际行为准则》，旨在促进安全、可靠、值得信赖的人工智能开发。东盟国家则计划推出《人工智能道德与治理指南》草案，计划成立“东盟数字部长人工智能实施工作组”，敦促企业建立人工智能风险评估机制和人工智能技术培训机制。

随着合作机制愈发多元，可以预见未来以推动发展和加强监管为目的的国际和区域合作将更趋密集，常态化、机制化的合作模式以及宣言、报告、原则等文件发布将更趋频繁。

（三）竞争态势明显，标准模式制定成为焦点

与当前其他领域存在的合作与竞争并存的发展态势一样，生成式人工智能也存在比较明显的竞争态势。以西方国家为例，主要国家和区域都在试图抢占人工智能治理的话语权，都积极将自身价值和发展路径有效影响到人工智能企业、行业及相关领域，竞争态势比较明显，目前尚未形成具有广泛内涵、广泛共识、广泛影响力的全球人工智能治理模式。例如，英国通过举办首届全球人工智能安全峰会，率先树立了其全球人工智能安全治理领域的大国角色。欧盟构建“基于风险程度打造差异化管理”的模式，在2023年加快推动全球首部《人工智能法案》落地，并希望效仿欧盟《通用数据保护条例》（GDPR）模式，通过机制对标将欧盟价值、理念和模式向世界其他区域进行推广。而美国总统拜登于2023年10月签署的美国首个全面规范人工智能产业的总统行政令，则试图在全世界最活跃的美国人工智能企业和具有全球影响力的跨国企业发展模式上打上深深的“美国”烙印。

通过当前部分国家在生成式人工智能方面的相关举措可以发现，未来世界主要国家或将在生成式人工智能标准、模式等方面开展一定程度的竞争，特别是部分国家将加快争夺该领域的国家话语权和全球影响力。

四、思考启示

（一）统筹发展安全，引导良性发展

新一代人工智能是推动科技跨越发展、产业优化升级、生产力整体跃升的驱动力量，需要对其进行合理引导，使其更加有效地在信息安全、数据安全、网络安全等领域保障国家安全和人民福祉，推动生成式人工智能技术研发、产业拓展、资本运作、商业布局等多链条健康有序发展。从保障数据安全、防止

技术滥用、完善监管体系等方面夯实人工智能发展的安全基础，在鼓励相关企业团队特别是超大互联网平台加快技术创新的同时，引入应急管控机制、流程和手段，认真履行算法备案和重大网络安全事件主动报告义务，形成良好的风险管控闭环管理模式，有效平衡发展与安全。

（二）明确语料导向，体现正确价值

语料库是生成式人工智能技术开展机器学习和内容输出的基础，“有米下锅才会避免无米之炊”。因此，语料内容的正确导向决定了算法优化的方向，更是对整个大语言模型价值取向和生成式人工智能产品是否合规的重要判定标准。当前，世界百年未有之大变局加速演进，世界之变、时代之变、历史之变正以前所未有的方式展开。因此，我们必须防范与社会主义核心价值观相违背的不良价值取向信息对我国网络生态产生不良影响，特别是防范相关信息对语料库进行污染，进而给我国的大语言模型和生成式人工智能产品带来负面影响。进一步加强对各语料库的定期排查力度，加强基于优质语料库的模型训练，打造、优化更加符合我国国情和正确价值导向的优质语料库。

（三）扩大对外开放，推动真诚合作

积极拓展新兴技术领域的对外开放步伐，鼓励合规的域外机构、企业在我国开拓生成式人工智能市场环境，充分发挥我国超大市场规模和丰富应用场景的巨大优势，通过“鲶鱼效应”带动我国本土行业产业展现发展潜力、提升国际国内竞争力。充分利用“一带一路”倡议、世界互联网大会国际组织等世界沟通交流平台，加强同其他国家研究团队在生成式人工智能先进技术研发上的真诚合作，与其他国家探索启动该领域专项研究、产业链合作等，“以点带面”加强战略互信和有效释疑，通过真诚合作推动我国进一步扩大开放，更好地塑造我国在全球的影响力和公信力。

4.2　2023 年全球跨境数据流动情况综述

数据，作为一种资源，是全球化时代推动实体经济和数字经济发展的重要元素。数据，同时也是一种权力，是各国掌握国际话语权、拓展影响力的重要手段。随着全球对跨境数据流动的需求日益高涨，如何有效推动跨境数据健康有序流动是世界主要国家和地区关注的重要议题之一。2023 年，我国加快在跨境数据流动领域的政策布局和实践探索，国家互联网信息办公室于9月就《规范和促进数据跨境流动规定（征求意见稿）》公开征求意见；上海数据交易所于4月启动国际板建设，探索数据跨境双向流动新机制，并于10月发布实施《上海数据交易所数据交易安全合规指引》。环顾全球，美欧国家和地区以及日本、韩国、新加坡等亚洲国家纷纷布局，推动建设带有自身特点的跨境数据流动发展与监管模式，并在一定程度上推动区域性国际合作模式的探索与建设。本节拟对2023年全球跨境数据流动发展与监管趋势进行分析梳理，并对未来该领域的发展态势进行展望。

一、2023年总体形势

2023年，美国、欧盟、日本、新加坡、印度等纷纷认同跨境数据流动对促进经济全球化，特别是数字经济发展发挥着重要作用，有效的数据跨境流动能够打破物理空间的限制及部分国家采取的贸易壁垒政策，真正发挥数据带来的巨大加乘效应。同时，大量数据跨境流动背后，“如何保护隐私数据安全”“如何保障国家和社会安全”等话题日渐成为世界主要国家和地区决策者和公众密切关注的话题。舆论呼吁针对跨境数据流动安全风险进行有效评估并制定高效、安全、可操作的治理措施与路径，加强有效监管、推动“合规的跨境数据流动”日渐成为世界主要国家和地区间的共识。

但值得关注的是，“如何界定跨境数据流动的安全标准”“哪些数据可以/不可以跨境流动”“国家间推动跨境数据流动合作的模式”等具体话题，尚无法形成全球范围内的基本共识，不同国家、不同区域尚存在一定差异，多个国家和地区在2023年呈现不同的发展特点。例如，2023年，欧盟、印度等部分地区和国家的政府机构就跨境数据流动国内监管问题开展了基于自身发展的战略布局，在价值理念、机构设置、监管举措等方面开展了一定探索。再如，欧盟和美国在2023年正式启动《欧美数据隐私框架》，此次欧美基于价值理念的跨境数据流动合作新模式值得进一步评估，特别是其是否会成为西方国家的区域性和跨区域性合作标准仍需进一步观察。还如，亚马逊、微软、TikTok等具有国际影响力的超大平台也积极制定跨境数据流动合规举措，以符合业务所在国的数据安全规则。此外，以美国为代表的少数国家借“跨境数据流动安全风险”和“数据合规审查”为名行“打压非本国企业正常发展”之实，并在亚太经济合作组织等国际和区域框架内打造“小院高墙”，试图将实体经济领域的贸易保护主义政策在数据领域进行扩展。

二、主要动向与特点

（一）发布重要监管政策，规范数据流动模式

2023 年，欧盟、印度等地区和国家发布了针对跨境数据流动的国内（域内）监管规范，试图在价值理念、机构设置、“黑名单”制定等细分领域推动数据流动监管探索。

以欧盟为代表的理念主导的监管模式，强调目标国（地区）的数据保护水平必须与欧洲自身相称，以此来衡量跨境数据传输的范围和力度。如欧洲议会于 11 月通过的《数据法案》，延续了此前通过的《数据治理法案》的相关原则，限制非欧盟国家通过自身立法的方式获取欧盟境内的非个人数据，明确规定了防止云服务提供商进行违法跨境数据传输的相关措施，要求跨境数据传输的目的国（区域）必须具备符合欧盟高标准的数据保护政策。欧洲委员会于 6 月通过的“第 108 号+公约”中明确了跨境数据传输的《示范合同条款》，在第 14 条明确表示，“向不包含在缔约方的接收国进行的跨境数据流动，应保证接收国具有适当的数据保护水平，同时应当通过法律或具有约束力和可执行性的标准化措施来保障数据的安全跨境流动”。

印度在 2023 年采取了与欧盟相反的监管路径，即总体上大力推动跨境数据流动，但对特定国家和地区开展跨境数据流动限制举措。一方面，印度财政部于 2 月宣布设立“数据大使馆”，以促进印度同其他国家在跨境数据传输方面的“无缝衔接和连接性”。另一方面，印度议会于 8 月通过了《2023 年数字个人数据保护法案》，采取跨境数据传输“黑名单”管理制度，即在默认情况下跨境数据流动是被广泛允许的，除非数据接收国在印度政府制定的“跨境数据黑名单”之上。该法案同时授权印度政府限制向某些国家和地区的跨境数据传输，并确定限制标准。

（二）处罚违规数据活动，打造有效震慑作用

2023 年，以欧盟为代表的部分国家和地区加强对违规跨境数据流动活动的打击力度，配合相关法律法规的出台以对所管辖下的企业特别是跨国超大平台形成有效威慑作用。

本年度最典型的处罚当属欧盟境内针对美国脸谱网母公司 Meta 进行的高额处罚事件。5 月 22 日，爱尔兰数据保护委员会公布裁决，认定 Meta 违反欧盟

《通用数据保护条例》（GDPR），对Meta处以12亿欧元的高额罚款，打破此前卢森堡政府对美国互联网巨头亚马逊7.46亿欧元处罚的纪录，成为迄今为止欧盟对违反GDPR企业开出的最重罚单。爱尔兰数据保护委员会认定，Meta向美国传输了大量欧盟用户的个人数据，但未能充分保护这些数据的安全，对欧盟用户的基本权利和自由带来严重风险。除罚款外，Meta还需要根据GDPR的要求进行跨境数据传输整改，包括在收到裁决通知的5个月内暂停向美国传输欧盟用户个人数据，半年内停止非法处理及存储欧盟用户个人数据。

此外，欧盟还对使用域外数据分析工具进行数据处理的域内企业进行罚款处罚，为欧盟域内使用域外软件的合规审查带来了先例。如瑞典隐私保护局于7月对两家本国互联网企业Tele2 SA和CDON AB处以1230万瑞典克朗的罚款，理由是这两家企业违规使用美国“谷歌分析”（Google Analytics）软件生成的网络统计数据可向美国本土进行传输，认为所涉企业采取的技术安全措施尚未达到欧盟GDPR要求的安全保护水平。此前奥地利、法国和意大利等欧盟国家的数据保护机构也已认定欧盟境内对“谷歌分析”软件的使用不符合GDPR的相关规定。

（三）开展区域国际合作，形成初步标准框架

2023年，以欧美跨境数据流动为代表的多个双边、多边层面的跨境数据流动项目进入探索阶段，试图以跨境数据流动为跳板加深更大范围的经贸合作往来和合作程度。

自2020年7月《欧美隐私盾牌》协定被欧洲法院判决无效以来，欧美间宏观的跨境数据传输合作处于“半搁置”状态，只有美国数据接收方在严格遵守欧盟“标准合约条款”的条件下才能单独获取欧盟数据。因此2022年3月25日欧美领导人达成的《跨大西洋数据隐私框架》，以及美国总统拜登于2022年10月7日签署的限制情报活动的行政命令，成为欧美数据流动领域的重大突破，欧美重启进入探索合规跨境数据流动的新阶段。2023年，欧美继续推进跨境数据流动合作进程，如美国商务部于7月3日宣布已履行实施《欧美数据隐私框架》规定的相关承诺，欧盟委员会则在确保美国履约的情况下批准了这项欧美间数据传输的新协议。欧美间自此正式重回跨境数据流动运转状态。在欧美跨境数据流动恢复的影响下，英国和美国间的《数据保护充分性条例》（即英美“数据桥”）于10月12日正式生效，符合《欧美数据隐私框架》的美国企业均具备英美“数据桥”的数据保护水平而无须进行其他评估或制定补充措施。

此外，日本、韩国、新加坡等亚洲国家也在 2023 年积极参与同其他区域的跨境数据流动合作进程，特别是就与欧盟的跨境数据流动“充分性决定”情况展开合作。如日本和欧盟于 4 月初结束了针对“充分性决定”的首次审查工作，并于 10 月就跨境数据流动达成协议，在日本试图推动数据自由流动和欧盟更重视个人隐私之间保持平衡。新加坡和欧盟于 2 月就数字伙伴关系和数字贸易原则签署合作协议，确保可信的跨境数据流动符合数据保护规则和其他公共政策目标。韩国和欧盟则于 4 月发布联合声明，充分肯定自 2021 年欧盟对韩国作出“充分性决定”后双方所取得的重要成果，并同意探讨进一步深化《韩国－欧盟数据流动框架》的举措。

（四）企业出台合规举措，回应社会舆论要求

随着世界主要国家和地区加大对企业的跨境数据安全审查，部分超大平台于 2023 年开始建立本地数据存储中心或引入外部审查监督机制，以主动配合所在区域的跨境数据流动规范要求。如为了顺应欧盟对数据跨境流动监管趋严的趋势，亚马逊于 10 月推出“主权云”服务，宣布将所有欧盟公民数据存储在欧盟境内的网络服务器中，并只允许具有欧盟国家公民身份的亚马逊云计算部门员工参与在欧业务运营和技术支持工作。亚马逊表示，“主权云”服务将首先在德国境内推出，随后将会陆续覆盖欧盟全境。微软于 2023 年推出“欧盟数据边界”计划，于第一阶段宣布将用户数据存储在欧盟境内的 Azure 云服务平台，随后微软还会将记录数据、服务数据和其他种类的数据也一并移入“欧盟数据边界”之中。此外，美国甲骨文公司也于 6 月宣布开放“欧盟主权云”本地数据存储项目，由欧盟人员提供技术支持，并由在欧盟注册的独立法律实体进行实际运营。

此外，面对美国等西方国家舆论中的质疑声音，TikTok 等企业也出台了多项合规性应对举措。例如，在美国范围内，有媒体报道 TikTok 提议由独立的第三方监督机构检查该平台算法，以确定在美数据是否存在“跨境流动”情况；TikTok 还于 2 月 2 日在美国洛杉矶开设了首家“透明度中心”，为立法者和媒体有效展示公司内部运作情况，包括检查存有源代码的服务器等。在欧盟范围内，TikTok 推出“三叶草计划”，计划在爱尔兰建立两个数据中心，将欧洲数据存储在欧洲数据中心，最大限度减少欧洲之外的数据流；同时，将聘请一家欧洲的第三方公司对 TikTok 欧洲业务进行独立监督，以防范发生未经法律授权的跨境数据流动活动。

三、前景与趋势分析

（一）合作成为趋势，关键在于认定标准

“合规的跨境数据流动”已成为世界主要国家和地区基本认同的话题。数据能够有效跨境流动，必然要求数据输出方和输入方都能够认同出境数据的属性和标准，因此推动双边合作甚至是区域性多边和全球多边合作日渐成为趋势共识。从近年来，特别是2023年的趋势来看，国际合作的范围已覆盖到世界各大洲，特别是联合国于2023年5月发布的《我们的共同议程》政策简报宣布将制定一项《全球数字契约》，其中明确提及“实现安全可靠的数据流动和包容性的全球经济”的“数据保护和赋权”目标，更是将推动“合规的跨境数据流动”话题推向了全球瞩目的层面。

同时值得关注的是，世界主要国家和地区在“安全、可信”标准方面的差异仍然较为明显。如美国在为了维护自身在跨境数据流动方面的优势地位，特别是维护具有全球影响力的美企利益时，经常会提出“美国例外”主张，这一战略标准就与包括欧盟在内的全球大多数国家和地区产生一定差异。再比如，欧盟近年来通过推广“充分性决定”的方式在一定程度上推广了“欧盟标准”，吸引了部分国家和地区与欧盟对标，为推动欧盟在数据领域的国际话语权发挥了重要作用。当然，目前全球尚未在双边和多边合作中形成一种“主流标准”，特别是欧美从2022年3月以来趋紧的跨境数据合作进程，也尚未在欧盟内部形成统一意见，是否会再次出现类似“《欧美隐私盾牌》协定被判无效”事件还有待进一步观察。如在欧盟和美国于2023年7月签署《欧美数据隐私框架》后，就有法国国民议员菲利普·拉托姆贝向法国监管机构国家信息与自由委员会提出疑问，认为新框架协议违反了欧盟GDPR有关保护欧盟公民隐私的相关条款。德国自由民主党数字政策发言人马克西米利安·冯克-凯泽和此前积极反对《欧美隐私盾牌》协定的欧洲互联网信息安全领域活动人士施雷姆斯等也表示，传输到美国的欧盟公民数据并没有得到与欧盟同等的保护水平，美国数据保护水平与欧盟仍然存在较大差异。

（二）打造范例模板，谨防出现阵营划分

当前，部分国家在多领域试图打造“竞争优势”，跨境数据流动就是其打造“优势”的重要阵地之一。同时，欧盟也积极通过推广“充分性决定”的方式试图在全球打造范例模板。值得关注的是，日本、韩国、新加坡等国家也通

过自身优势领域在所处的区域性、全球性组织中积极发挥作用。如日本在担任2023 年七国集团（G7）领导人峰会轮值主席国期间，积极推动G7 构建跨境数据传输的统一规则，积极倡导其提出的“可信赖的数据自由流动”（DFFT）概念，并试图牵头成立制定统一规则的国际组织。

同时值得注意的是，部分国家试图在打造范例模板时出现了一定程度的阵营划分趋势，特别是谨防“合规的跨境数据流动”共识在部分国家的影响下出现阵营化和意识形态化迹象。如 2023 年美国积极打造自身主导的跨境数据流动团队，美国于 4 月宣布英国成为亚太经济合作组织下属“跨境隐私规则”（CBPR）论坛首个新成员，而CBPR 则是美国牵头成立、意在建立关于跨境隐私规则“国际认证体系”的跨区域国际论坛。因此，未来必须防范本应积极鼓励的跨境数据流动范例模板探索成为部分国家抢占发展优势地位、塑造片面有利于自身的“国际标准”的有效手段。

（三）制裁举措频频，合规风险不容忽视

推动“合规的跨境数据流动”、有效保护国家安全和个人隐私安全，日渐成为全球共识。但个别国家以“保护国家安全和公民隐私安全”为名，限制在本土的外国企业的正常经营活动，频频指责本国公民隐私数据有“违规出境”风险。因此，未来出海企业如何更加从容地应对所在国和地区的数据合规问题，值得进一步观察。

例如，2023 年，TikTok 等企业在美国等国家面临一定的指责，认为这些非美国本土企业存在“国家安全”“数据出境安全”等“安全风险”问题，美国部分联邦机构、部分州和机构对相关企业展开制裁举措。如美国商务部于 6 月公布针对TikTok 的新网络安全规定，旨在加强对“可能威胁美国国家安全的外国应用程序的法律制裁”；纽约市、肯塔基州、得克萨斯州、堪萨斯州等州陆续禁止在政府设备和网络上使用TikTok 软件，佛蒙特州、北卡罗来纳州则同时在政府设备上禁止使用TikTok 和微信，弗吉尼亚大学禁止教职工在学校设备和网络上使用TikTok 和微信；美国阿肯色州因“TikTok 未能保障隐私安全和未成年人在线安全”而对TikTok 进行起诉。

四、未来发展启示

（一）加强战略部署，完善细化举措

建议在跨境数据流动监管领域有效统筹“发展与安全”，从宏观层面加强

跨境数据流动领域战略层面的规划部署。汇总各方有关《规范和促进数据跨境流动规定（征求意见稿）》等相关规范制度的意见，有效借鉴其他世界主要国家和地区在跨境数据流动治理方面的优秀标准和经验，推动完善跨境数据流动规则体系建设。

（二）积极推进试点，开展技术攻关

建议继续加大法律和政策支持力度，加快北京自由贸易试验区、上海自由贸易试验区临港新片区、海南自由贸易港、河北自由贸易试验区雄安片区及粤港澳大湾区等在跨境数据流动方面的探索，鼓励相关试验区内部科研单位和企业加大跨境数据流动发展与监管领域技术攻关力度，通过出台更多利好政策助推更多企事业单位落地试验区，探索形成可推广、可复制的跨境数据健康有序流动的先进经验模式。

（三）加强合规培训，完善出海保障

建议针对近年来世界主要国家和地区关于跨境数据流动治理方面的主要政策特点和监管实践，加强对相关“出海”企业的合规培训工作。帮助相关企业充分了解目的国在数据出境监管方面的具体要求，采取多种举措加强企业内控机制，最大限度减少相关企业在外经营时出现合规风险的可能。

（四）推动对接合作，打造最佳范例

建议有效依托“一带一路”倡议，探索同共建国家就合规原则、认证标准、技术手段等展开磋商、形成原则共识，并探索同共建国家开展合规跨境数据流动试点项目，“以点带面”推动基于“一带一路”倡议的跨境数据流动形成模式范例。加强同东盟等区域性国际组织的沟通协调力度，推动中国同东盟国家开展跨境数据流动规范对接与试点工作。此外，积极探索在跨境数据流动领域推进相关国际合作进程，推动我国在更高水平加强发展与制度探索。

4.3 2023 年全球个人数据保护立法与实践

个人数据隐私保护是数据安全领域的重要基础性话题之一，关系着世界各国民众基本权利的有效保障和社会福祉与安全。随着欧盟《通用数据保护条例》（GDPR）在个人数据保护领域理念和实践的不断深入，世界主要国家和地区更加重视个人数据保护问题，纷纷结合自身特点制定和完善个人数据保护相关政策法规，尤其关注超大互联网平台在个人数据保护方面存在的问题和隐患，重点防范新兴平台与技术给普通民众个人隐私带来的风险。2023年，世界主要国家和地区积极推动个人数据保护立法工作，探索在超大平台监管、关键基础设施保护、新兴技术防范、国际区域合作等方面的个人数据保护实践工作。本节对2023年全球个人数据保护立法与实践进行梳理，并对未来发展趋势进行分析展望。

一、2023年总体形势

2023年，世界主要国家和地区更加重视个人数据保护问题，纷纷制定符合自身战略、价值和特点的法律法规。典型案例如欧洲议会通过《数据法案》，将GDPR对一般用户的个人数据保护精神，扩展到诸如“企业对消费者”（B2C）、“政府与企业的电子政务”（G2B）、“企业间电子商务”（B2B）等领域，充分反映出欧盟对相关领域涉及的个人数据保护议题和规范更加细化、务实的现状。再如，美国《加州消费者隐私法案》（CCPA）于2023年1月1日正式生效。在CCPA的示范效应下，美国2023年有7个州的隐私保护法案成为法律。制定更加全面、详细、可实操的个人数据保护法律规范，日渐成为全球共识。

同时，值得关注的是，新兴技术给数据领域带来的风险、超大平台参差不齐的数据保护能力水平、关键信息基础设施存在的安全隐患等，都对个人数据保护提出一定的挑战。特别是诸如分布式拒绝服务（DDoS）攻击、勒索软件、网络钓鱼等网安风险，不断“变换花样”“改头换面”，对个人信息保护带来持续性冲击，对世界主要国家和地区开展个人数据保护监管实践也带来持续挑战。

二、主要动向与特点

（一）加快战略立法布局，推动部门机构革新

2023年美欧等世界主要国家和地区加快在个人数据保护领域的法律和战略布局，在物理范围、规范的对象和领域等方面推进战略立法的覆盖面。2023年，美国加利福尼亚州在个人数据保护方面依然处于本国领先地位，CCPA于1月1日正式生效，并于9月通过了首创性法律《删除法案》，承诺创建“一站式”网站，允许该州消费者只通过一次请求即可要求所有数据经纪人删除涉及本人的敏感信息，并在今后停止获取、出售这些信息。同时，特拉华州、印第安纳

州、艾奥瓦州、蒙大拿州、俄勒冈州、田纳西州和得克萨斯州7个州的相关法案也成为法律，截至2023年9月美国共有13个州的隐私保护法案签署成为法律。欧盟则于2023年加快推动备受关注的《数据法案》的立法进程，欧洲议会于3月以压倒性优势通过《数据法案》，欧洲议会和欧盟理事会代表于6月就《数据法案》达成临时政治协议，欧盟理事会于11月正式批准《数据法案》。欧盟《数据法案》在B2C方面规定，当数据接收者是消费者时，数据持有者不允许向消费者收费；在“商家到政府”（B2G）方面，授权公共部门在特殊情况下可以要求私营公司提供非个人数据。此外，巴基斯坦、越南、孟加拉国、马来西亚、沙特、以色列、尼日利亚等也纷纷发布本国的数据保护法律或发展战略。

同时，部分国家和地区通过完善实操性规范、成立专门保护部门等方式，加强个人数据保护模式革新。如美国众议员提交《2023年在线隐私法案》（OPA），提议在联邦层面设立由美国总统直接任命官员的“数字隐私局”（DPA）。法案规定DPA有权发布实施与OPA相关的法律法规，并对违法行为处以罚款等惩戒措施。美国联邦通信委员会（FCC）于6月宣布成立首个“隐私和数据保护工作组”，以解决SIM卡重复使用带来的数据隐私问题。印度《2023年数字个人数据保护法案》于8月获总统签署实施，并筹备成立印度数据保护委员会（DPB），法案授予该委员会调查数据泄露并进行处罚的权力。法国数据保护机构国家信息与自由委员会（CNIL）于4月根据欧盟GDPR发布《个人数据安全指南》，以加强个人数据安全风险预防方面的措施。韩国个人信息保护委员会（PIPC）于12月公布《个人信息保护指南》。

（二）加强超大平台监管，重点打击技术滥用

2023年，世界主要国家和地区大力加强对超大平台在个人数据保护方面的监管力度，敦促超大平台有效保护用户数据安全。荷兰法院于3月裁定美国脸谱网对荷兰用户隐私侵犯长达10年，认为该企业在没有告知用户的情况下，将个人信息提供给第三方或用于广告目的。法国国家工业与技术中心（CNIL）因苹果公司个性化广告功能默认开启、关闭程序烦琐等违规问题对该企业处以800万欧元的罚款。韩国个人信息保护委员会（PIPC）于2月因Meta阻止所有拒绝提供行为信息和日常网页浏览记录的用户注册访问脸谱网和Instagram，对Meta公司处以660万韩元的罚款。此外，荷兰消费者协会Consumentenbond和数据保护基金会（SDBN）于5月对美国谷歌公司提出大规模索赔诉讼，要求谷歌立即停止在未经消费者同意的情况下追踪、收集和出售数据，并向所有谷歌荷兰用户支付赔偿金。值得关注的是，还有部分国家和地区裁定Meta等超大平台在内嵌的技术分析手段方面存在侵犯用户隐私问题。例如，在挪威数据保护局裁定Meta存在违规将用户数据用于行为定向广告后，欧洲数据保护委员会（EDPB）于 12 月宣布全面禁止Meta平台将个人数据用于行为定向广告。奥地利数据保护机构Datenschutzbehörde（DSB）裁定Meta的“像素代码”技术违反GDPR相关规定，认为该技术可在网站上追踪访客活动，奥地利个人数据或将由此被传输到美国。

（三）加大新兴技术应对，引导技术有序发展

2023 年，部分国家和地区的监管机构重点关注新兴技术领域的安全隐患问题，防范新兴技术领域安全漏洞对个人用户隐私的侵犯，通过多种举措有效引导新兴技术有序健康发展。例如，针对要求用户提供虹膜扫描后方可提供加密货币的“世界币”项目存在的个人数据安全问题，德国巴伐利亚州数据保护监管办公室 7 月表示对“世界币”开展调查工作，原因是担心该项目使用新技术处理“超大规模的敏感数据”；法国国家工业与技术中心（CNIL）于 9 月对“世界币”巴黎办事处进行了调查，认为其生物识别数据合法性“值得怀疑”；肯尼亚内政部则于 8 月暂停了“世界币”在该国的运营，肯尼亚由此成为第一个叫停“世界币”注册活动的国家。再比如，加拿大安大略省因隐私担忧而推迟启动“数字身份证”试点计划。此外，沙特数据和人工智能管理局（SDAIA）启动“数据和隐私监管沙盒”，鼓励企业探索数据和隐私领域的技术创新，确保数据隐私法律法规跟上行业技术发展步伐，并充分保护用户个人数据安全。

（四）企业完善安全策略，加大合规政策配合

随着世界主要国家和地区加大对超大平台在个人数据保护方面的监管力度，部分超大平台在 2023 年推出更新版的数据安全条款，以最大限度满足所在国政府和民众对个人数据保护的期待。例如，美国X平台于 9 月更新服务条款，提出未经事先书面许可，无论出于何种目的，都不得在平台上进行任何形式的数据抓取。X公司首席执行官埃隆 • 马斯克评论称，“过度的数据抓取对普通用户产生了不利影响，有必要采取反爬虫措施来应对过度的数据抓取。”Meta则于 8 月表示，该公司正在探索新的隐私增强技术，如借助加密技术开发了“私有数据查找”（Private Data Lookup，PDL）功能。该功能可帮助用户在密码创建和修改时识别相关密码组合是否已在其他平台进行过泄露。与传统的密码泄露风险比对（哈希值校验）不同的是，PDL技术不会向服务器端透露用户的密码创建组合，在确保用户能够设定更加安全的密码组合的同时，避免将相关密码组合泄露给Meta平台本身，从而最大限度保障个人数据安全。

（五）国际合作稳步推进，完善标准拓展范围

2023年，聚焦个人数据保护的国际合作进展稳步推进，多个国际组织在标准和成员国覆盖范围等方面推动个人数据保护国际合作向纵深发展。如国际标准组织ISO于1月发布关于消费者保护和消费品及服务隐私设计的两项标准“ISO 31700-1:2023”和“ISO/TR 31700-2:2023”，要求参与数字产品和服务开发全流程的从业人员基于“以消费者为中心”的理念，确保消费品的全生命周期严格保护消费者个人隐私，将消费者的隐私权利置于产品开发和运营的核心位置。2月，致力于开发物联网开放标准的国际组织连接标准联盟（CSA）宣布成立数据隐私工作组。该小组将负责制定一份全球性的“联盟数据隐私规范”，为智能设备及其服务的数据隐私情况提供安全认证，并确保企业以清晰易懂的方式向用户告知数据用途。目前，CSA成员包括苹果、谷歌、亚马逊、三星、美的、OPPO等全球300多家知名科技企业。阿根廷、葡萄牙等九国于2023年加入了《个人数据自动化处理中的个人保护公约》（又称“108号公约+”），该公约是全球范围内首份有关数据保护的具有法律约束力的国际性文件，1981年由欧洲委员会通过。公约建立了有关个人数据保护的基本原则及各缔约国之间的基本义务，同时在一定程度上建立了针对个人数据保护的多国合作框架。此外，巴西国家数据保护局和尼日利亚数据保护委员会被接纳为全球隐私大会（GPA）成员。

三、前景与趋势分析

（一）关键基础设施成为数据政策的重点领域

通过对2023年主要动向进行梳理发现，存储着大量用户数据的关键信息基础设施的安全防护，是全球个人数据保护工作中的关键一环，世界主要国家和地区纷纷在该领域进行重要布局。以美国为例，美国多个监管机构要求维护机构加强对关键基础设施的保护力度，有效保障个人数据安全。如美国证券交易委员会（SEC）于3月提出保护消费者金融数据、防范证券交易所和经纪自营商遭黑客攻击、增强市场基础设施弹性的系列性新规，旨在加强金融体系

安全，防止黑客攻击、数据窃密和系统故障。根据规则提案，经纪自营商和资金管理公司将被要求定期维护系统，有效检测和应对未经授权的数据访问，并强制在 30 天内通知受影响的客户。美国联邦贸易委员会（FTC）于 11 月批准《保护客户信息标准规则修正案》，要求非银行金融机构履行数据泄露事件报告义务，必须尽快向FTC报告未经授权获取超 500 人数据的违规事件，报告时间不得迟于事件发现后 30 天。美国FCC于 1 月通过针对电信企业的新的数据泄露通知规则，要求电信企业因过失造成的数据泄露必须向美国联邦通信委员会、美国联邦调查局和美国特勤局报告，并向客户进行必要的情况披露。可以预见的是，世界主要国家和地区在未来会更加注重对关键基础设施的保护和监督力度，敦促相关部门加强技术防护、安全排查和重大事件有效通报，相关法律规范会更加全面、细化及可操作化。

（二）超大平台数据泄露问题依然突出

超大平台数据泄露问题在 2023 年依然突出。其一，源于黑客攻击的数据泄露是超大平台数据泄露的主要原因之一。英国体育用品零售商 JD Sports 平台遭受网络攻击，导致 1000 万名用户的个人数据泄露，包括姓名、账单地址、送货地址、电子邮件地址、电话号码、订单详情和银行卡后四位数字等敏感信息。全球知名电信网络公司VodafoneZiggo发生大规模数据泄露事件，涉及 70 万名客户的数据，包括姓名、电子邮件地址等敏感数据。美国电信巨头AT&T遭黑客攻击，导致包括姓名、账号、电话号码和电子邮件地址等在内的 900 万名客户的信息泄露。美国生物技术公司Enzo Biochem遭勒索软件攻击，近 250 万名患者的数据被泄露。其二，平台自身安全漏洞也是数据泄露的主要原因之一。如印度跨国企业印度工业信贷投资银行发生因配置错误而可公开访问的云存储平台，泄露了超过 360 万份属于该银行的文件，其中包括银行账户信息、信用卡号码、姓名、出生日期、家庭住址、电话号码、电子邮件地址等关键信息。其三，部分国家公共部门网络安全漏洞也导致大量用户数据泄露。例如，美国交通部发生一起黑客攻击事件，导致 23.7 万名政府工作人员的数据被泄露。美国科罗拉多州高等教育部发生数据泄露事件，调查发现泄漏事件持续的时间长达 13 年。法国国家就业机构数据库遭到网络攻击，或已暴露多达 1000 万名公民的关键信息。可以预见的是，超大平台数据安全问题仍然将在未来不断发酵，如何有效保障拥有海量用户个人敏感数据的超大平台的持久安全，是持续引发全球瞩目的重大课题。

（三）西方国家试图“引领”数据治理方向

2023年值得关注的另一动向是，以美欧为代表的西方国家和地区意图在个人数据保护立法和实践方面制定“全球标准”“民主国家标准”，试图成为全球范围内数据治理“领导者”的战略意图更加明晰。例如，美国积极在亚太经合组织（APEC）框架内打造包含部分成员的“跨境隐私规则”（CBPR）机制，于2023年将英国纳入该机制成员之中，试图打造美国主导的隐私框架和认证标准的战略意图较为明显。CBPR还于10月发布《全球隐私执法合作安排》文件，试图建立一个成员间自愿开展信息共享、发布请求、提供援助的合作框架。同时，美国还积极利用其打造的“领导人民主峰会”机制塑造带有“引领全球”意图的数据隐私框架，如美国白宫科技政策办公室（OSTP）在第二届民主峰会上发布《推进隐私保护数据共享和分析的国家战略》，明确列出4项指导原则，包括“创造保护公民权利的隐私保护数据共享和分析（PPDSA）技术”“在保证公平的同时促进创新”“建立具有问责机制的技术”“最大限度降低弱势群体风险”。此外，欧盟于11月与非洲、加勒比和太平洋地区国家集团（OACPS）签署新合作伙伴协议，以加强数据保护领域合作。澳大利亚、加拿大、英国、新西兰、瑞士等国的11个数据保护和隐私机构于8月联合发布《关于数据收集和隐私保护的联合声明》，对社交媒体和网站开展的数据抓取问题进行了有效规范。

四、未来发展启示

（一）完善数据战略立法，借鉴他国经验教训

继续深入完善个人数据保护领域的相关法律法规，结合自身发展特点，积极借鉴吸收世界主要国家和地区在该领域的立法和实践经验，探索包括B2C、B2G等数据流动领域保护用户个人数据安全的专门规范，对涉及的权利义务进行有效明确，探索构建更全面、详细、可操作的个人数据保护法律规范体系。不断完善各领域关键基础设施网络安全维护机制建设，敦促相关责任方加强对涉及海量个人数据的关键基础设施的重点排查和定期维护工作，在提升关键基础设施技术性能有效发展的同时，高度重视数据安全和网络安全工作，有效维护国家和人民的安全与发展利益。

（二）推动有序数据流动，加强合规安全审查

加强对超大平台在个人信息保护方面落实主体责任的常态化监督机制，敦

促超大平台在技术构建、内控机制等方面不断提升用户个人数据保护的意识、能力与水平。继续深入推进数据有序安全流动相关规范完善和实践落地，在北京、天津、上海、广东、海南等地开展更加深入的先试先行，不断细化数据分类分级等基础性工作，重点关注个人信息在数据出境方面的安全防护机制，在数据出境安全评估、个人信息保护认证和标准合同条款 3 条路径下不断培育最佳实践案例，推动先试先行优秀案例在更多地区有效施行。

（三）防范新兴技术风险，运用技术加强治理

加强对人工智能、区块链、量子计算、卫星互联网等新兴领域的技术原理、安全风险以及世界主要国家和地区的政策布局，进行更加深入的分析与研究，重点防范相关新兴技术给个人数据保护带来的潜在风险问题，通过政策手段敦促相关互联网平台特别是超大平台加大对新兴技术的识别、规范和应对手段建设，谨防相关技术对用户个人数据进行违规抓取、分析或再次利用等情况发生。深入研究通过技术手段应对相关风险的能力，通过产学研一体化机制推动新兴技术安全风险治理能力水平进一步提升。

4.4　2023 年卫星互联网发展趋势探析

2023 年，卫星通信产业高歌猛进，低轨卫星大规模组网，高轨卫星稳步迭代，传统高轨运营商和新兴卫星互联网公司继续寻求合作，不断融合发展的态势愈发明显，“手机直连卫星”从技术研发逐步走向规模应用。可以预见的是，未来全球卫星互联网竞争态势将日趋激烈，伴随大国竞争及产业链条变革，或将对各领域联合发展带来重大整合和产业变革。

一、发展情况

（一）总体态势

2023 年，全球航天发射次数创新纪录，共计完成 223 次，高于 2022 年的 186 次；成功进入轨道的卫星数量创下新高，达 2917 颗，高于 2022 年的 2485 颗；合计发射航天器 2945 个。其中，美国大幅领先其他国家，共实施 116 次发射，部署了 2248 个航天器。值得注意的是，SpaceX 作为全球商业航天的领头羊，其“猎鹰”系列运载火箭航天发射次数达 96 次，将旗下 1948 颗“星链”卫星送上了太空。中国居世界第二，共实施 67 次发射，部署了 218 个航天器。其中，26 次商业发射，发射成功率达 96%；共研制发射 120 颗商业卫星，占全年研制发射卫星数量的 54%。

据 TrendForce 集邦咨询预估，2023 年全球卫星产业链收入达 3083 亿美元。而摩根士丹利的报告预测，2040 年全球太空经济的价值将达到 1 万亿美元，其中卫星互联网将占市场增长的 50% 甚至 70%。

（二）各国卫星通信发展概况

1. 美国领跑全球

卫星互联网领域顶层设计不断完善。2023 年 3 月，美国国家科学技术委员会发布《国家近地轨道研究与发展战略》，确定了美国在低轨卫星领域的政策目标和优先事项。美国联邦通信委员会（FCC）提出一项关于“促进卫星直连手机”的监管法案框架，通过推动卫星运营商与地面无线网络运营商的合作来扩大网络覆盖。11 月，美国发布《国家频谱战略》，通过制定 4 个战略方向和 12 项具体战略目标，实现频谱政策的现代化和频谱资源的高效利用，不断提升通信服务质量。

商业化应用加速抢占全球服务市场。“星链”3 年前就先后从英国、德国和葡萄牙政府手上拿到了提供卫星宽带互联网服务的许可证，2023 年在欧洲的流量同比增长六成以上。除了稳步占据美洲、欧洲及大洋洲等地区的商业天基网络服务市场外，“星链”系统自 2023 年起加快了在亚洲的“圈地”速度，目前韩国、日本、菲律宾、缅甸、马来西亚与蒙古国均已全面批准“星链”系统在其境内提供网络通信服务，同时非洲的尼日利亚、卢旺达、莫桑比克、赞比亚等国也接入了“星链”服务系统。至 2023 年年底，“星链”共在 65 个国家和地区实现落地应用，服务用户超 200 万人，预计至 2025 年用户将超过 4000 万人。除了“星链”在卫星互联网领域“圈城掠地”外，亚马逊也推出了“柯伊伯项目”计划，拟投入数十亿美元发射 3236 颗近低轨道卫星，后申请增加部署 4538 颗卫星；波音公司计划 9 年内向太空近地轨道发射 147 颗卫星，后申请增至 5789 颗；火箭制造商 Astra 也在积极部署名下 1.36 万颗卫星组成的太空网络等，同时，多家美国初创公司也提交了部署数百至上千颗卫星的申请。如果 SpaceX、亚马逊、Astra 和波音公司组成的强大卫星互联网编队如期实现了各自的计划，美国将霸占卫星互联网 90% 以上的空间。

高轨卫星稳步发展。2023 年 4 月，美国卫讯公司（ViaSat）依托“猎鹰 9 号”

重型运载火箭发射了“卫讯 3 号”（ViaSat-3）高通量卫星。“卫讯 3 号”高通量卫星采用波音卫星系统公司的“702MP+”卫星平台，搭载卫讯公司自主研制的有效载荷。在能源系统方面，卫星配备两个太阳翼，翼展约 44 米，是有史以来发射到太空最大的太阳翼之一；每个太阳翼包含 8 块太阳能电池板，总发电功率大于 25 千瓦，“卫讯 3 号”是已制造的功率最大的卫星之一。卫星使用Ka波段，能提供超过 1Tbit/s的总通信容量，是世界有史以来通信容量最高的卫星。

2. 欧洲：坚持“战略自主权”，加快构建主权网络

坚持“战略自治”发展路线。1 月，欧洲理事会、欧盟委员会和欧洲议会共同宣布，欧盟将于 2024 年着手建设名为“卫星弹性、互联和安全基础设施”的卫星互联网系统，计划于 2027 年前发射 170 颗卫星。这些卫星绝大多数将是距地球 400 ～ 500 千米左右的低轨卫星。2 月，欧洲议会议员投票支持未来的IRIS2 卫星网络，这将为欧盟国家提供自己的宽带卫星网络，用于军事、政府和公众，到 2027 年部署一个欧盟拥有的通信卫星群，通过减少对第三方的依赖来确保欧盟的主权和自主权，以及在地面网络缺失或中断的情况下提供关键通信服务。

加速推进设施建设与商业应用。英国依托通信公司“一网”（OneWeb）推出了OneWeb星座计划，目前已成为世界第二大规模的通信卫星星座。“一网”最初计划发射 720 颗卫星，第一代星座 36 颗卫星在 2023 年 3 月已交由印度新航天公司发射成功，实际组网卫星数量达到 618 颗，基本具备全球服务能力。截至 2023 年 5 月，“一网”有 634 颗卫星在轨运行，并推出航空和海事版卫星通信服务。“一网”的终极目标是在 1200 千米高度的近地轨道上部署 6372 颗卫星。同时，欧洲卫星公司（SES）运营着全球唯一的中轨通信卫星星座O3b，第二代星座O3b mPOWER正在建设中，已完成 4 颗卫星的发射工作。德国通过Rivada Space Networks、KLEO Connect等初创企业推动低轨卫星网络布局。其中，Rivada Space Networks计划在 18 个月内开始建造一个由 600 颗低地球轨道卫星组成的星座，部署将于 2024 年开始，预计 2028 年年中全部完成。这些低轨卫星将通过结合中、高卫星和地面能力，提供高速低延迟的全球网络覆盖。

3. 俄罗斯：受制域外制裁高压，确立长短期目标

俄乌冲突爆发后，俄罗斯受到西方国家多轮制裁，其中卫星通信产业发展受到阻滞。2023 年，俄罗斯进行了 19 次航天发射活动，较 2022 年减少 3 次，

其中 7 次从阿尔汉格尔斯克州普列谢茨克军用发射场发射，成功入轨的卫星 19 颗。据俄罗斯学者数据，轨道上的新一代导航卫星“格洛纳斯-K2”的数量已达两颗，其与以前版本不同，可发射更多导航信号。俄罗斯航天集团总经理鲍里索夫表示，到 2030 年俄罗斯卫星群规模至少需要达到 1000 颗卫星，为此在 2025 年将卫星产量提高到每年 250 颗，在 2030 年前将卫星产量提高到每天一颗。一项名为“球体”的多功能卫星系统项目也包含一个由 288 颗卫星构成的低轨通信星座。

4. 各国加快开疆拓土步伐，“多强”追赶“一超”

中国目前已向ITU提交了布局 1.3 万颗低轨道卫星星座的申请，中国航天科工集团、中国航天科技集团和中国卫星网络集团分别推出了“虹云工程”“鸿雁星座”“星网工程”三大战略运营计划，且 2023 年 11 月已成功发射一颗卫星互联网技术试验卫星。有计划显示，2027 年中国低轨卫星的发射数量将达 3900 多颗，2030 年将突破 6000 颗。加拿大计划通过卫星通信公司Telesat打造由 198 颗卫星组成的Lightspeed星座，为加拿大的企业、政府客户以及乡村与偏远社区提供卫星通信服务，资本投资总额约为 35 亿美元，预计Telesat将在 2026 年年中启动Lightspeed卫星网络的第一次发射，在 2027 年年底第 156 颗卫星发射入轨时启动全球服务。日本提出建设一个用于自卫目的的“卫星集群”系统。韩国政府发布了未来 10 年建设由 100 颗微小卫星组成的卫星星座计划，被认为是抢占卫星互联网阵地的战略之举。

二、主要特点

（一）低轨卫星空间战白热化，“星链”引领全球卫星互联网进入新的发展时代

1. “星链”引领低轨道卫星发展

“星链”作为当下建设规模最大、服务能力最强、应用范围最广的商业低轨通信星座，正引领全球卫星互联网进入新的发展时代。2023 年以来，SpaceX公司基于成熟的卫星制造、火箭发射以及天基通信能力，进一步扩大“星链”星座在轨规模，并通过卫星和地面系统升级等举措持续提升通信网络服务能力，加速抢占全球服务市场。自 2023 年以来，“星链”系统在稳步占据美洲、欧洲及大洋洲等地区的商业天基网络服务市场的基础上，利用先发优势着力开拓亚洲和非洲天基通信市场。同时，SpaceX公司正在积极布局“星链”

系统直连手机业务，为其实现天网地网融通，加速抢占全球天地一体通信服务市场奠定重要技术基础。此外，美军正基于“星链”成熟的通信能力构建综合能力更加强大的“星盾”国防专用星座，并将“星链”作为其与盟国开展联合作战的通信和信息共享平台。

2. 主流商业低轨星座进度差距扩大

2023 年，英国“一网”卫星互联网系统建设取得一定进展。受到疫情、俄乌冲突遭扣押卫星与发射资金等因素的干扰，英国“一网”星座共发射 132 颗卫星，已成功完成一代星座组网任务，满足全球覆盖要求。“一网”星座将成为世界上第一个具备全球通信服务能力的低轨通信卫星星座，5 月起为欧洲 37 个国家以及美国大部分地区的海事、政府、企业和航空用户提供高速、低延迟宽带服务。9 月，“一网”与法国同步卫星营运商 Eutelsat 完成合并，合组的 Eutelsat Group 为全球第一家整合同步卫星与低轨道卫星通信的服务厂商；由于通货膨胀和供应链等问题，加拿大通信卫星运营商 Telesat 不断缩小星座规模并推迟首发时间。8 月，Telesat 与太空技术公司 MDA 签署价值 15.6 亿美元的合同，MDA 将承包其低轨卫星网络的卫星制造工作——为其近地轨道计划“Lightspeed”制造 198 颗卫星，届时将节省大约 20 亿美元的资本开支；预计将在 2026 年年中启动 Lightspeed 卫星网络的第一次发射，预计在 2027 年年底启动全球服务；2023 年 10 月，亚马逊为太空互联网业务发射首批卫星。亚马逊早在 2019 年就公布了名为“Project Kuiper”的卫星网络计划，并表示将投资 100 亿美元。目前，该公司已获得美国监管机构的许可，将逐步部署超 3200 颗卫星，并在全球范围内提供宽带互联网服务，同时，积极部署卫星生产工厂，声称要在 2026 年启动商业运营。相比之下，“星链”项目有约 5000 颗卫星已经在轨道上运行，差距明显。

（二）高低轨卫星互通融合，成为卫星通信行业未来的重要发展方向

高轨卫星具有覆盖广、寿命长、信号稳定、组网简单等特点。低轨星座具有传输时延低、链路损耗小、带宽高、成本低的优势。高低轨结合可以充分发挥多轨道优势，提供网络冗余和弹性。从技术层面来看，美国多家企业正开展多星融合相关技术的研究。4 月，美国通信公司卫讯公司（ViaSat）依托“猎鹰 9 号”重型运载火箭发射了“卫讯 3 号”（ViaSat-3）高通量卫星。“卫讯 3 号”是由 3 颗高通量 Ka 波段地球同步轨道卫星（GEO）组成的卫星星座，将覆盖极地以外的地球区域，为商业航空公司等提供机载互联网通信服务。“卫讯 3 号”

卫星能提供超过1Tbit/s的总通信容量，是世界有史以来通信容量最高的卫星。12月，国际通信卫星组织Intelsat研发出新型平板天线，可在高速移动下同时实现与高轨卫星和低轨卫星的通信。

（三）“手机直连卫星”呈蓬勃发展之势，各国争相布局

1. “手机直连卫星”正在引领信息通信产业发展方向

手机直连卫星是指将卫星作为通信基站，使用普通智能手机直接与卫星建立通信网络连接，而无须通过地面基站和卫星地球站中转。借助卫星系统提供的全球网络，通过一部普通智能手机就能为任何人、任何时间、任何地点提供无缝覆盖的通信服务，无论是在偏远山区、海上、空中，还是处在自然灾害中。10月，美国SpaceX公司发布“手机直连卫星”服务，计划在两年内通过其第二代“星链”卫星面向全球提供语音、数据和物联网服务，并于2024年1月2日发射首批6颗手机直连卫星。2023年世界无线电通信大会（WRC-23）通过决议，将“手机直连卫星”的频谱与使用规则确立为WRC-27研究课题。“手机直连卫星”是战略性新兴产业，有望提供真正意义上的移动通信全球覆盖，将为世界各地的个人和各类机构带来巨大的价值。

2. 世界大国都在争相布局手机直连卫星领域

12月，美国联邦通信委员会（FCC）批准SpaceX用“星链”卫星进行直连手机业务的实验。这意味着SpaceX可以利用“星链”卫星，通过无线电波直接连接地面普通手机进行信号测试。9月，美国AST SpaceMobile公司宣布其测试卫星BlueWalker 3首次实现手机与低轨卫星的5G通信连接，下行速率约为14Mbit/s。该公司正在建设由243颗卫星组成的低轨星座，每颗卫星使用面积为64.4平方米的巨型相控阵天线，计划为全球范围普通手机用户提供高速网络接入。8月，华为发售的Mate60 Pro手机基于天通系统实现卫星通话功能，这成为我国在手机直连卫星方面取得的实践突破。在手机芯片领域，三星、高通、联发科等公司正在开发用于卫星通信的手机芯片，加快布局具备卫星通信功能的手机产业。7月，美国通信卫星制造及运营商Lynk Global发布了其基于卫星与存量普通手机进行双向语音通信的测试视频。2月，美国国防部表示将采购手机直连卫星服务，增强军事通信能力。

（四）多国研发新一代军用通信系统，重视低轨星座能力应用

各国利用商业卫星通信来增强其军事卫星通信能力。4月，美国太空发展局成功发射代号“Tranche 0”的 10 颗卫星，这些卫星将作为“增强作战人员空间架构”的一部分。9 月，SpaceX 用“猎鹰 9”火箭为美国太空发展局发射了 13 枚军用卫星。此外，美国太空发展局与约克空间系统公司（York Space Systems）签署一份 6.15 亿美元的合同，为美国太空发展局的天基数据传输星座建造 62 颗通信卫星。11 月，韩国计划在军事通信系统中使用近地轨道商业卫星，以有效增强武装部队的作战能力。12 月，韩国自主研发的首颗军事侦察卫星在美国发射升空。6 月，据传消息，日本自卫队正在测试美国的“星链”卫星互联网服务，计划于下一财年采用该技术。日本防卫省 3 月与提供该公司服务的代理商签约，将天线等通信器材配备到陆海空自卫队，除十余处基地和驻扎地以外，还在训练中使用，以验证是否存在使用问题。日本防卫省目前发射了两颗自主研制的位于 3.6 万千米地球静止轨道（也称地球静止同步轨道、地球静止卫星轨道、克拉克轨道，在这个轨道上进行地球环绕运动的卫星或人造卫星始终位于地球表面的同一位置）的“X 波段通信卫星”，但使用近地轨道民用卫星网络尚属首次。11 月，欧洲防务局发布《2023 年欧盟能力发展优先事项》，提到有必要培育一个强大的欧盟军用系统卫星星座，包括在战斗损失评估确认框架中的战术用途。卫星通信要专注于安全和有保障的服务，包括“欧洲韧性、互联和安全卫星基础设施”（IRIS2）星座的使用，以及近地轨道/中地轨道（LEO/MEO）星座和地面 5G 系统在卫星通信系统中的弹性。

三、趋势分析

卫星通信具有广覆盖、不受地理环境影响的特点，随着卫星能力的提升，卫星互联网系统的应用场景将愈加丰富。同时，服务内容也从视频广播和语音业务转向数据、物联网等业务。全球发展趋势主要有以下 4 点。

（一）天地融合通信成为各国关键核心技术突破以及抢占下一代信息通信发展制高点的重要方向

天地一体通信的商业化前景依赖于产业链各环节企业的合作。目前，终端厂商、卫星公司和地面电信运营商正在加强合作，通过优势互补来推动通信技术的发展。这种合作主要体现在两个方面，一是卫星公司与电信运营商之间的合作，目的是实现“卫星互联网+5G”网络的融合。二是芯片制造商和通信公司之间合作，通过技术测试来推动天地融合通信。未来天地网络深度融合趋势日益明显，卫星互联网的应用将不再局限于传统意义上的连接服务，而是逐步形成以卫星互联网为依托、赋能千行百业的天地一体生态体系。

（二）终端侧加速融入卫星通信产业，手机直连卫星或将迈入普及期

手机直连卫星已成为卫星互联网应用服务新兴领域，多家卫星运营商和相关产业巨头积极布局，推动卫星部署、在轨测试和应用落地，抢占细分市场先发优势。国外各大卫星运营商及卫星公司紧跟步伐，相继发布手机卫星直连计划。如，美国AST公司计划2024年初发射5颗Block 1 BlueBird卫星为手机直连提供间歇性连接服务；“星链”直连手机服务预计将于2024年实现短信发送功能，2025年实现网络服务，并分阶段实现物联网能力。随着手机直连卫星的持续深入，卫星制造、卫星发射、新型网络设备和手机等终端制造，以及运营服务和内容生产等各环节，都将进一步发展壮大，全球手机直连卫星业务或将进入规模化落地阶段。

（三）卫星的轨道和频率已成为稀缺的战略资源，国际竞争愈发激烈

发展卫星互联网对于国家网络主权和国家安全具有战略意义，成为各国在海洋、太空、军事等领域推动国家战略的重要手段。国际电信联盟（ITU）制定了卫星频谱和轨道资源分配的程序，近地卫星轨道和频率分配采取“先登先占”方式。这意味着在ITU的卫星频谱和轨道资源注册表中登记的卫星拥有优先权，其他卫星必须在可用资源之后进行分配。卫星的轨道资源有限，这些轨道上价值较高的“点位”更是稀缺。随着各类卫星应用领域不断拓宽，世界各国对卫星无线电频率资源的争夺越发激烈，成为一个“抢时间的战略赛道”。

（四）创新场景将成为卫星互联网发展的关键驱动力

现有通信网络存在一定局限性，它无法覆盖偏远地区，如山区、沙漠、海洋和天空，也不能满足对时延有严格要求的业务的需求，例如金融交易。此外，新兴产业（如虚拟现实、自动驾驶和物联网）对通信容量和延迟也提出了更高的要求。卫星通信能够提供广泛的覆盖范围，不受地理环境的限制。随着技术的进步，卫星互联网的应用场景变得更加多样化。个人用户逐渐成为卫星通信的主要应用对象之一，服务内容也从传统的视频和语音服务转向数据传输和物联网等新兴领域。此外，卫星通信系统通过搭载多种功能载荷，能够实现数据采集、遥感测量、航海监视和导航增强等多种功能。

4.5　2023 年高性能计算发展与前景分析

高性能计算（HPC）指利用超级计算机实现并行计算，以处理标准工作站无法完成的数据密集型计算任务，常见的应用领域有仿真模拟、机器学习和深度学习等。简单理解，高性能计算可以通过分布式计算实现单台计算机无法达到的运算速度，高性能计算系统的运行速度比商用台式计算机或服务器系统快一百万倍以上。原因在于高性能计算能够让整个计算机集群为同一个任务工作，以更快的速度来解决一个复杂问题。高性能计算代表了一种具有巨大经济竞争力、科学领导力的战略性技术，与理论和实验一起构成了科学研究的“第三支柱”和科学发现的新途径，成为应对数据快速增长和摩尔定律接近极限的重要方法，对提高经济竞争力、科学领导地位和国家安全至关重要。随着算力设施和产业规模的快速增长，算力已成为经济增长的重要驱动力，全球各国持续加码算力基础设施布局。

一、总体态势

高性能计算涉及处理器、服务器和微型服务器等多项内容，目的是提供高计算能力、大数据存储容量和快速网络连接，有助于加快产品开发周期，为建模、模拟和数据分析提供服务。高性能计算能够帮助人们寻找复杂应用的解决方案，包括天气预报、高频交易、语音和面部识别、药物发现、基于基因组学的个性化医疗、计算流体动力学、计算机辅助设计、模式识别、地震勘探和断层扫描等。它还被用来开发和测试先进技术，如人工智能、机器学习和量子计算。除此之外，高性能计算在全球的航空航天、国防、能源和公用事业、银行、金融服务和保险、媒体和娱乐、制造业、生命科学和医疗保健等领域都有广泛应用。由于高性能计算对于国家经济和国家安全的重要性，许多国家和地区在竞争超级计算的全球领导地位，包括超级计算机的运算能力、超级计算机的数量、高性能计算应用能力等方面。

（一）超级计算机全球数量与占比，中美两国企业占据绝对优势

高性能计算是国家综合科技实力的体现，是支撑国家持续发展的关键技术之一。随着 5G、大数据、人工智能、区块链等新一代信息技术的快速发展，

全球高性能计算产业迎来了飞速发展的阶段。2023年11月，在“全球超级计算机500强”发布的超算排名榜单中，美国占161台，较5月增加11台，排名第一；中国占134台，较5月减少30台，位居第二。美国橡树岭国家实验室的Frontier连续4次夺冠，是目前参加排名的超级计算机当中唯一的百亿亿次级超算计算机。日本富岳、意大利Leonardo、芬兰LUMI排名相对稳定，位列前十。中国已较长时间没有向TOP500提交最新系统的测试结果，没再参与排名。此次榜单中，神威·太湖之光和天河二号分别排在了第11位和第14位。

（二）超算应用能力不断拓展，加速人工智能发展

高性能计算过去主要应用于科研院所，集中在计算密集型的场景，如石油、气象、材料、物理和地球科学计算等领域。随着高性能计算技术的成熟和逐渐商业化，其开始向互联网和传统行业不断渗透和融合，推动了工业4.0、智能语音、人脸识别、智慧医疗、可穿戴设备等各个领域的快速发展。如2023年11月，欧盟委员会和欧洲高性能计算联合组织（EuroHPC JU）宣布将进一步开放欧盟超级计算机，加速人工智能发展，推动突破性创新，提升欧洲人工智能产业生态系统的竞争力。目前，欧洲拥有3台世界级的超级计算机（LEONARDO、LUMI和MareNostrum5），这些超级计算机将在创建和训练广泛的基础AI模型方面发挥关键作用。此外，美国投入超过50亿美元开发多台EXA级超级计算机（EXA级超级计算机即每秒运算次数达到100万万亿次的计算机），并关注科研人员和企业对高性能计算资源的访问，注重解决学术和工业研究的挑战。

（三）高性能计算市场规模创新高

高性能计算领域正在经历一次重大的技术转型，从依赖单一的CPU计算资源转向利用CPU和GPU的协同工作，以实现更高效的计算性能。根据行业报告，2023年全球高性能计算市场规模为510.88亿美元，预计2023—2028年将以9.97%的复合年增长率增长。另据Frost&Sullivan调研预测，2022—2025年我国超算服务市场规模复合增速约为24.1%，到2028年，中国超算服务市场规模将接近900亿元。有分析师预计，谷歌母公司Alphabet、亚马逊、微软和Meta 2024年算力的资本支出总计或将达到1880亿美元，比2023年增长近40%。

二、高性能计算发展情况

（一）大国激烈角力抢占前沿先机，加大技术研发投资

2023年8月，美国白宫发布2025财年优先研究事项清单，将可信的人工

智能、确保国家安全的新兴技术、支持美国在创新技术研究方面的竞争力等 7 个研究领域列为拜登政府 2025 财年优先研究事项清单，进一步强调了技术在政府开展未来工作中的作用，并要求联邦机构根据其调整 2025 财年预算，其中在“确保国家安全的新兴技术”领域包括量子信息科学、高性能计算、微电子学和核能等研发。此外，英国政府宣布将投资约合 2.78 亿美元建造一台人工智能超级计算机，努力赶超中美；欧盟批准 12 亿欧元的“欧洲共同利益重要计划——下一代云基础设施和服务”支持云计算及边缘计算的研究、开发和首次工业部署。此外，美国科技巨头围绕“算力”的竞争正在快速升级。美国特斯拉公司首席执行官、太空探索技术公司首席执行官埃隆·马斯克向投资者透露，他们正打造一台超级运算计算机，以支援其旗下 AI 初创公司 xAI 的发展。该计算机预计串联 10 万个英伟达 GPU，于 2025 年投入使用。

（二）欧盟各成员国间达成合作协议，在超算领域强劲发力

近年来，欧盟积极发展超级计算机，以此推动数字化转型，提升地区技术水平和工业竞争力。2023 年，欧盟积极推动建立全球顶尖的百亿亿次级超算中心。“欧洲高性能计算共同计划”（2018 年，欧盟委员会和各成员国发起“欧洲高性能计算共同计划”，在欧盟内协调部署和运行世界级的高性能计算和数据基础设施，集中资源建设欧洲高性能计算生态环境）宣布采购名为“木星”的百亿亿次级超级计算机，预计将在 2024 年年底投入使用，包括欧洲科学家在内的使用者将可以调用该系统开展科研活动。12 月，欧洲最新的世界级超级计算机“MareNostrum 5”在西班牙巴塞罗那超级计算中心建成，于 2024 年 3 月起向欧洲科学界和工业界用户开放。此外，“欧洲共同利益重要计划——下一代云基础设施和服务”项目将为法国、德国、匈牙利、意大利、荷兰、波兰、西班牙 7 个欧盟国家提供高达 12 亿欧元的公共资金，预计将撬动 14 亿欧元的私人投资。根据欧盟委员会 2023 年 9 月发布的《欧盟数字十年计划》，到 2030 年，欧盟尖端、可持续半导体产业的产量至少占全球总产值的 20%，到 2025 年，生产出至少一台量子计算机，到 2030 年欧洲处于量子领域前沿。

（三）建立广泛的合作伙伴关系，打破出口高性能计算技术的壁垒

2023 年，各国通过构建双边、多边关系积极推进新兴技术领域合作。这些合作主要围绕量子技术、高性能计算等前沿技术。1 月，美国与印度宣布启动“关键和新兴技术”倡议（iCET），扩大包括人工智能、量子技术和先进无线技术等领域的国际合作，推动高性能计算方面的合作，打破美国向印度出口高性能计算技术和源代码的壁垒。美方承诺将尽最大努力支持印度高级计算发展中心（C-DAC）加入美国加速数据分析与计算研究所（ADAC）。5月，欧盟、印度举行贸易与技术委员会（TTC）机制首次部长级会议，同意加强量子和高性能计算领域合作，并成立战略技术、数字治理和数字连接工作组。6月，欧盟和韩国举行首届数字伙伴关系理事会，同意在半导体、高性能计算和量子技术、5G及更新一代移动通信技术、平台经济、人工智能和网络安全方面加强合作。

（四）科技巨头算力“军备竞赛”再升级，拓展行业应用

当前，海外科技巨头正在疯狂加码算力投入。Meta、谷歌、微软三巨头均在财报中提示称，2024年的算力开支将会更高。其中Meta将2024年资本开支上调至350亿～400亿美元；谷歌2024年第一季度资本开支达到120亿美元，超过预期的103亿美元，全年资本开支不低于420亿美元；微软资本开支从2023年第四季度的115亿美元增至140亿美元，超过预期的131亿美元。上述3家公司再加上亚马逊的合计资本支出在2023年第四季度达到417.7亿美元，同比增长8.9%，环比增长16.6%，增速出现拐点。德邦证券指出，算力是AI发展的助推器，海外云巨头作为算力的重要需求方，重视资本支出增长的举措或将持续提振AI算力景气度。此外，高性能计算行业应用不断拓展，呈纵深发展趋势。如欧洲超级计算机MareNostrum 5的设计重点在于加强欧洲的医学研究能力，包括药物和疫苗开发、病毒传播模拟等关键领域。同时，它支持气候研究、工程学和地球科学等传统的高性能计算应用，也推动人工智能和大数据处理应用的发展。英国政府投资2.25亿英镑建造的人工智能超级计算机“伊桑巴德-AI”将用于分析先进AI模型，测试其安全功能，或者推动药物开发和清洁能源领域的突破。

（五）政产学研各方建立广泛的公私合作伙伴关系

2023年，各国和地区政府、企业、高校和研究机构不断加强合作，共同建立超能计算研发平台，共享资源，协同开展人工智能的基础研究和应用。如，英特尔、微软等巨头2023年7月成立了“超级以太网联盟”（UEC），该联盟寻求通过“全行业合作”“为高性能网络构建一个完整的基于以太网的通信堆栈架构”，提供针对高性能计算和人工智能进行优化的高性能、分布式和无损传输层，以满足人工智能和高性能计算不断增长的大规模网络需求。欧盟超级计算机MareNostrum 5新系统的购置和维护总投资超过1.51亿欧元，其中50%来自欧盟，50%来自西班牙、葡萄牙、土耳其的财团。印度理工学院布巴内斯瓦尔分校推出全新人工智能和高性能计算研究中心，开展跨学科和合作研究。欧洲高性能计算联合企业宣布，将选择捷克、德国、西班牙、法国、意大利、波兰六国部署史上第一个欧洲量子计算机网络，整合现有的超级计算机，形成一个量子计算网络，于2023年下半年投入使用。

三、发展前景分析

（一）在系统架构方面，“四算融合”成为演进新方向

高性能计算集群、量子计算、云计算和边缘计算的“四算融合”将成为高性能计算3.0演进的新方向。一方面，Web服务、容器化等云原生技术正在快速应用于传统高性能计算集群，使算力服务更易触达。如芬兰LUMI集群已开始引入容器技术提高算力调度和应用搭建效率，并对外提供算力服务；IBM也于2024年年初发布首台云原生高性能计算集群Vela。另一方面，不仅更多云服务商推出了高性能计算云服务，以谷歌为代表的头部企业更进一步利用云计算天然的分布式计算优势，推出“算力多切片训练”方案，打造超出常规算力集群性能的超大规模AI训练案例。此外，高性能计算集群与量子计算机的融合已经成为行业共识，量子计算单元正在逐渐成为新的专用计算加速模块。

（二）在软件应用方面，科学计算模拟应用将大量增加

云平台容器服务将加强对高性能计算的支持，兼容多种并行计算平台，提供自动化的HPC工作环境，从而提高研发和实验效率。高性能计算算力的潜能将进一步释放，推动科学计算模拟应用和成就的快速发展。全球HPC集群的新建和升级，以及云原生技术的应用，将使算力服务更加充足和易于获取。科学计算模拟的需求将增加，未来几年将有更多的模拟应用基于HPC服务开展，涵盖微观粒子、血流、癌细胞、核聚变、气象和地理空间等多个领域。科学计算与人工智能技术的结合将加速，AI优化的传统数值算法性能将大幅提升，提高科学家和科研团队的生产力，推动科学研究的快速进步。

（三）在创新应用方面，航天、汽车、能源、生命科学等领域引领变革性突破

对于美国产业界来说，HPC应用可以加速研发活动、使全新的产品设计和结构成为可能，缩短产品面市的时间，减少成本、增强能源效率。在航天

领域创新方面，HPC正在变革飞机引擎设计。空客和波音等企业在设计和制造飞机的过程中，正在通过使用HPC应用来决定整个飞机的气动性能。此外，HPC还可为复杂问题提出更准确的解决方案，增强产品的安全性和环境友好性，缩短产品开发周期，从而降低开发成本。在汽车领域创新方面，HPC已被应用于设计更加节能高效的汽车。汽车制造商准备设计新一代的智能网联汽车，HPC可协助其实现快速建模、创建原型系统和设计虚拟测试。就目前来说，开发和训练智能网联汽车和大规模模拟车流量所需的计算能力和性能只有HPC才能提供。在清洁能源创新方面，E级HPC将推动清洁能源领域的创新，包括风力涡轮机、风电场设计和建设的优化，以及智能电网管理等。

（四）在可持续计算方面，业界将更关注计算效能

可持续计算是数字经济和“双碳”目标背景下，高性能计算技术演进历程中的路标和灯塔。未来，计算能效将成为评估高性能计算技术先进性的重要指标。同时，随着人工智能产业的火热，具有图形处理器（GPU）的超级计算机越来越引人关注。以2023年年初横空出世的ChatGPT为例，其引发了AI领域的剧震，行业进入了以大语言模型为标志的新的范式转移之中。而这背后更需要强大的算力来支撑训练和推理过程，算力能帮助海量的数据搭建起精确的AI模型，并对其进行复杂的模拟训练。据OpenAI的相关论文透露，ChatGPT的前身GPT-3就对超过3000亿个单词、40TB的大规模、高质量数据进行了训练。如果说数据是AI模型的“燃油”，那算力就是AI模型的“发动机”。

四、思考启示

（一）制定算力研发战略规划，全面加强算力技术研发

目前，《全国一体化大数据中心协同创新体系算力枢纽实施方案》及地方层面出台的算力政策，大多集中于实施“东数西算”工程，构建国家算力网络体系。在此基础上，我国还需要加强算力技术研发及相关标准、资源建设。建议制定算力研发战略，全面部署算力软件、硬件、系统（包括架构和编程模型）、数据、网络等技术研发，支持发展不同架构、不同资源类型、不同使用方式的资源和服务，重视颠覆性器件和变革性系统研究，兼顾数字计算（基于冯•诺伊曼）和非数字计算（量子计算、神经计算及其他），实现各种资源、产品等的无缝对接。

（二）确保计算软硬件不同部分均衡发展，对滞后者采取长期系统的强化措施

针对长期存在的软件滞后问题，美国除了在政策上予以重视外，从 2001 财年开始，还增设了软件设计和生产力小组，专注于优化软件设计和开发的方法和流程，以促进不同软件无缝集成。此前设立的高可信软件和系统协调组则侧重保障软件安全、无故障运行。近几年二者合并为软件生产力、可持续性和质量小组。经过 20 余年的努力，软件开发、维护的时间和成本大大降低。针对我国计算软件投入和发展不足、大量依靠进口的问题，我国同样需要做出体系化安排，并长期予以支持。

（三）建立广泛的合作伙伴关系，促进计算生态体系不断完善

建立多样化的合作伙伴关系，动员各方参与与算力相关的研发、部署和人才培养。逐步制定覆盖中小学、大学的计算科学教育体系，面向在职人员设立形式多样的培训方式，培养多元化、高素质的人才队伍。在政府部门指导下，由行业组织和研究机构牵头，联合教育、科研机构等，探索定制化的技术服务方案和算力资源使用模式，推动算力应用在更多场景落地并在更大范围推广。联合算力硬件、软件、数据、网络供应商和算力存储、交易、服务运维、使用等不同环节，共同探讨覆盖算力产业全链条的安全防护、绿色低碳规范、标准。

4.6　2023 年量子技术发展现状与挑战

量子信息科技包括量子通信、量子计算、量子精密测量等方面，为保障信息传输安全、提高运算速度、提升测量精度等提供了革命性的解决方案，其可为国家安全和国民经济高质量发展提供关键支撑。2023 年，全球量子信息科技领域取得多方面的进展和突破，特别是为加速和优化大规模模型的计算过程提供了新的思路和工具，展现了跨领域融合创新的广泛潜力。全球多个国家已在量子技术方面加强研发投入，形成了各具特色的发展优势。多行业和领域充分利用量子技术的能力，推动其应用范围和影响力不断扩大。

一、发展情况

（一）全球主要国家量子信息政策布局进一步加强

量子信息技术发展与应用已成为大国间开展科技、经济等领域综合国力竞争，维护国家技术主权与发展主动权的战略制高点之一。据不完全统计，截至2023年12月，共有30个国家和地区制定和推出了量子信息领域的发展战略规划或法案文件，包括加拿大（《国家量子战略》）、英国（《国家量子战略》）、澳大利亚（《国家量子战略》）、丹麦（《国家量子技术战略》）、韩国（《量子科技发展战略》）、印度（《国家量子任务》）、爱尔兰（《量子2023》）、日本（《量子技术创新战略路线图》）、德国（《量子技术行动计划》）、瑞典（“瑞典量子议程”报告）等。爱沙尼亚、芬兰、希腊、卢森堡、挪威、罗马尼亚和土耳其在制定国家层面的战略发展路线图中提及了量子技术，如预算投入、发展建议等。

（二）美欧等国家和地区不断增加量子技术的投入

2023年1月，法国宣布启动一项投资总额达18亿欧元的量子技术国家投资规划，用于未来5年发展量子计算机、量子传感器和量子通信等；3月，英国发布《国家量子战略》，将在2024—2034年间提供25亿英镑的政府投资，并吸引至少10亿英镑的额外私人投资；12月，美国发布《国家量子倡议法案》（NQI法案）补充报告，将原NQI法案在2023年到期的部分资助授权延续至2028年；欧盟发布关于量子技术的联合宣言，强调量子技术对欧盟科学和工业竞争力的战略重要性，法国、比利时、克罗地亚、希腊、芬兰、斯洛伐克、斯洛文尼亚、捷克共和国、马耳他、爱沙尼亚和西班牙11国签署该宣言。据中国信息通信研究院不完全统计数据，各国量子信息技术投资总额已超过280亿美元。

（三）各国在量子信息产业领域发展各有优势、平分秋色

一是整体投资规模中国领先全球。根据前瞻产业研究院报告，2023年全球量子信息投资规模达到386亿美元，其中中国投资总额达150亿美元，位居全球第一；英国投资规模超40亿美元，美国、德国超30亿美元。二是量子计算企业美欧聚集度最高。中国信息通信研究院发布的《量子信息技术发展与应用研究报告（2023年）》显示，美欧量子计算产业生态活跃，相关企业共有175家，全球占比超过60%。中国量子计算领域相关企业共有35家，不及美国的一半。三是量子通信领域中国相关企业数量最多。不同国家和地区在量子通信领域的投资和推动力度有差异，中国信息通信研究院的报告显示，中国量子通信企业共有42家，美国仅有13家，欧洲有27家。四是量子测量领域欧美企业数量最多，共有80家，全球占比超过60%。中国量子测量相关企业共有22家，约为美国的一半。

二、主要特点

（一）加强前沿技术研究，抢占量子科技发展话语权

加强基础研究是推动量子科技发展的关键，相较于产业化投入，西方主要科技强国更加重视基础研究的重要作用。美国高度关注量子技术基础研究以维持其在全球量子竞争中的优势地位，并期望量子技术在确保信息安全、提高运算速度、提升测量精度等方面突破经典技术的瓶颈。美国众议院科学、空间和技术委员会把量子科技、芯片等技术作为 2023 年研究重点；美国国家科学技术委员会发布关于美国量子科学资金和优先事项的新报告；美国首次通过增加量子比特来降低计算错误率，实现量子纠错重大突破，走在世界前沿。此外，欧盟批准 1900 万欧元的特定赠款协议，用于试点量子制造基础设施；韩国政府发布《量子科学技术战略》，至 2035 年将投资至少 23 亿美元推动量子技术的研究和应用，计划成为全球量子科技的第四大强国；加拿大和法国政府成立科学、技术和创新联合委员会（STI），将人工智能和量子科学作为其优先研究领域；印度政府批准国家量子任务，预算拨款 60 亿卢比，加强培育和扩大科学和工业研发。

（二）政府引导、企业与科研院所支撑，构建双赢的产业生态环境

各国政府充当召集人角色，鼓励企业联合推进量子技术研发项目，鼓励民间投资与跨境融合，促进量子领域的各个利益相关者之间形成良好的合作和竞争关系。特别是美国，政府、企业和科研院所之间通过共享资源、交流信息、协调行动等方式，实现了协同创新。目前，美国除高校之外，IBM、微软、谷歌、亚马逊等科技巨头逐渐成为量子科学探索的主力。美国《国家量子倡议法案》发布 2023 年度报告显示，美国量子信息科学管理体系（QIS）研发持续增长，使美国大学、工业界和政府研究人员能够探索量子前沿，推进 QIS 技术，并发展所需的劳动力，以继续保持美国在该领域和未来相关产业的领先地位。日本民间投资活跃，2023 年 7 月，日本第一大银行三菱日联银行直接投资量子计算初创公司 Groovenauts，并持有公司 18% 的股份，推动量子计算商业化进程，吸引更多投资。此外，汽车、半导体材料、医药等行业也对量子技术相关应用表现出兴趣，丰田汽车、索尼集团、JSR、三菱化学集团等公司也正考虑引入量子计算机。英国加速推动量子信息技术产业化应用落地，2023 年英国发布《国家量子战略》，强调要持续提供资金扶持量子初创企业，同时通

过设立“产业战略挑战基金”和举办“量子挑战赛”等方式，支持企业深度参与项目投资和技术研发，以最大限度实现量子技术的潜在商业价值转化。

（三）以竞合为核心观念，主动寻求合作并广结合作盟友

量子技术国际竞争日趋激烈，目标一致的国家和区域希望加强在这一领域的交流合作。各国选择积极接受并主动寻求科技强国合作，团结一切力量，通过广泛深度合作快速补足自身在技术、产业等方面的短板，以实现在量子领域更长远发展。2023 年 2 月，日本、美国、欧洲和加拿大各量子产业联盟选择强强联手，成立量子技术国际协会，在国际合作层面上推动和加强量子生态系统。12 月，法国、比利时、芬兰等 11 个欧盟成员国联合签署《欧洲量子技术宣言》，共同承诺在量子科技生态系统的各个领域进行协调与合作，力争打造一个“量子谷”，成为全球领先的量子卓越和创新地区。

（四）大力支持量子信息人才引进，抢占国际人才制高点

未来的国际竞争焦点之一就在量子技术领域，而人才培养是赢得竞争的关键。随着量子信息全球化竞争愈加激烈，各国探索新型量子科技人才培养，强调人才培养的重要性，开展行业竞赛等项目，广泛招募世界级的量子科学人才。2023 年，英国、德国、加拿大等国家发布的量子信息科技展战略规划强调加强科学研究、标准制定和人才培养，确保本国在量子科技领域竞争中的优势地位。12 月，美日韩三国签署了鼓励各国国家实验室展开科学合作的三边框架。与此同时，IBM 公司与芝加哥大学、庆应义塾大学、东京大学、延世大学、首尔大学达成合作协议，共同开发量子课程资源，计划在 10 年内培养 4 万名量子科技人才。

三、趋势分析

（一）愈加强调将防范量子计算网络安全作为重点

为了应对量子计算带来的巨大威胁，抗量子密码（PQC）技术就显得尤为重要。作为一种针对量子威胁设计的加密算法，PQC 能够抵抗量子计算机的攻击，保护国家信息安全。2023 年，美国加快布局推进抗量子密码迁移，包括发布抗量子加密标准草案、抗量子加密迁移资源等法律法规和指导文件，意图打造成抗量子加密的全球框架。美联储发布的 2023 年网络安全报告，将量子计算和人工智能确定为金融体系面临的新兴风险。此外，新加坡推出国家量子安全网络 +（NQSN+）；世界经济论坛和德勤公司推出量子准备工具包，遏制量子计算带来的网络安全风险；微软、IBM 等多家科技巨头成立抗量子密码学联盟，推动 PQC 的发展，提高 PQC 在商业和开源技术中的应用。由此可见，加强政府抵御量子计算攻击的能力、降低数据泄露风险将成为各国政府、行业机构的迫切需求和关注重点。

（二）量子通信相关标准逐步完善，并加速向垂直行业应用渗透

各国和国际标准组织 ITU-T、ISO/IEC JTC1、IETF、ETSI 等都在开展传统量子密钥分发（QKD）的标准化工作，量子通信相关标准日趋完善。未来，量子通信网络将在量子中继技术的支持下实现多用户、远距离的量子纠缠共享，进而实现 QKD 和量子安全应用。包括英美在内的科技强国已全力推进量子技术商业化进度，通过技术应用与转化发展量子信息产业，助力数字基础设施建设和先进制造业升级，建立强大、有弹性的经济和社会。随着 QKD 相关技术标准的成熟，量子通信器件和终端设备将趋于小型化、移动化，量子通信网络应用服务将扩展到商业企业、互联网云服务、个人数据存储和信息消费等领域，催生更多的下游行业应用。

（三）量子测量计划将进一步清晰，传感器逐步量子化

当前，全球主要国家纷纷出台相应政策布局量子测量，将量子精密测量纳入重点科研计划，并上升至国家战略层面。美国智库战略与国际研究中心（CSIS）2023 年 5 月发布的《量子技术：应用和启示》报告，探讨量子技术在量子计算、量子加密、量子通信和量子传感领域的应用和影响，呼吁国家、企业和学术界共同合作，制定相关政策和标准，确保量子技术的安全和可持续发展。此外，美国于 2022 年年底发布独立的量子传感器报告，针对量子测量研发、应用领域提出 1 ～ 8 年的短中期建议，其长期目标是通过量子技术的发展促进经济发展、安全应用和科学进步。基于量子测量技术研发的量子传感器，相比于其他传统测量仪器具有更高的灵敏度和精度。量子传感器有望突破经典物理极限，向更高灵敏度、准确率和稳定性等方面发展，逐步代替传统技术的传感器。

4.7　全球社交媒体平台观察之一：Meta 推出社交媒体平台 Threads 相关情况分析

2023 年 7 月 6 日，Meta 公司推出以文字为主的社交媒体平台 Threads，上线5天即达到1亿名用户规模，超过TikTok、ChatGPT和Instagram等现象级互联网应用平台，成为有史以来最快被下载的应用程序。Threads能否挑战X平台成为新兴社交媒体巨头，引发全球关注。

一、发展情况

（一）开发背景

马斯克于2022年10月收购X平台后，通过修改算法和其他功能改变了X平台的原有用户体验，引起网上热议，X平台的竞争对手企图利用该机会抢夺其用户数量。2022年11月，在一场会议中，Meta员工构思出一个Instagram的新功能，即所谓的“InstagramNotes”。后来，该功能延伸为一个以文字为主的社交媒体应用程序。Threads的开发始于2023年1月，“18电视网集团”3月得到“InstagramNotes”应用程序的开发信息，并称该应用程序的代码为“P92”。6月，美国科技媒体TheVerge发布Meta“92号项目”的详细内容，Meta首席产品官克里斯·考克斯将其称为“对X平台的回应”。7月，开发者阿里山德罗·费鲁奇在X平台公布，“92号项目”在GooglePlay上以“Threads”的名称发布。2023年7月5日，Meta正式在100个国家的苹果和安卓应用商店推出Threads，其被视为X平台的直接竞争对手。上线仅5天时间，Threads获得了1亿名用户注册，热度远超ChatGPT，成为历史上用户数量增长最快的应用。2023年8月22日，Meta推出了Threads应用程序网页版。2023年12月14日，Threads正式在欧盟推出。据Meta首席执行官马克·扎克伯格在2024年第一季度财报电话会议上透露，Threads的月活跃用户数已突破1.5亿，其竞争对手X平台月活跃用户数为5.5亿。在最初的吸引力消退之后，其增长速度有所放缓，但Threads仍在继续为其应用程序推出新功能。

（二）主要功能

Threads的用户界面与X平台大致相同，拥有类似于X平台的用户体验、接口及功能。Threads可在苹果的iOS和谷歌的Android平台的移动客户端上使用。主要功能如下。一是该应用属于“文本共享类”社交媒体应用，以文本共享为主，但也可以发布图片、视频类的内容，支持发布500字符以内的帖子，允许用户添加链接、照片和长达5分钟的视频。二是与Instagram高度关联。由于Threads是Instagram的关联应用，用户需要拥有Instagram账户才能使用Threads，用户可以与自己Instagram的好友列表中的人进行一对一或小组聊天。

三是状态更新更加自动化和个性化。该应用在无须用户手动选择的情况下，可以自动识别用户所在的位置，并根据用户的位置和活动更新他们的状态。四是Instagram的一个辅助应用程序。用户主要通过私信的方式与好友互动，分享生活中的瞬间和状态，私密性较好，更注重与用户最亲密的圈子进行互动。五是实时相册分享。用户可以通过Threads与好友分享照片和视频，这些内容将在一个实时的相册中共享，使用户能够更直接地分享生活中的瞬间。六是具有“阅后即焚”功能。这个功能与Snapchat的功能类似，用户可以选择发送自毁消息，这些消息在一段时间后会自动消失。此外，在保障用户信息安全方面，Threads采取了多项高级隐私保护措施，确保用户的个人信息和交流内容得到妥善保护。

二、主要特点

（一）与Instagram的深度整合，提升其市场影响力

Threads用户必须拥有Instagram账户才能注册，即允许现有的Instagram用户凭借原本的账号直接登录，方便用户无缝地从Instagram迁移到Threads，省去了在该服务上寻找新关注者的麻烦，加速了用户数的增长。此外，Threads开局良好，建立在Instagram之上，各类用户蜂拥而至。明星名人、新闻媒体、一线品牌注册使用Threads；Netflix、亚马逊、耐克、阿迪达斯、迪士尼、百事可乐等品牌，以及CBS、经济学人、Vogue等媒体入驻了Threads，这有助于提升其市场影响力。美西方国家政要方面，美国总统拜登和副总统卡马拉－哈里斯也开通了Threads账户，第一夫人吉尔－拜登、白宫的各种账户以及白宫的西班牙语版本La Casa Blanca随后都开通了Threads账户。

（二）Instagram和Threads将不再主动推荐政治相关内容

Meta公司于2024年2月9日发布公告，详细说明了如何处理Instagram及Threads中的政治内容推荐问题。该公司表示，与Meta在Facebook上的现有政策类似，Instagram和Threads的推荐引擎目前默认不会主动向用户推荐政治类的帖子。公司希望在通过算法向用户推送的内容与那些可能成为大规模问题的内容之间拉开更多距离。如果用户希望得到政治内容的推荐，可以在Instagram和Threads的设置中将其打开。该公司还表示，Meta做出的改变会影响Instagram在推荐内容方面的作用，但不会影响它如何展示用户已经关注的账号的内容。例如，如果一个不符合推荐条件的账号发布了政治内容，如有关

选举、法律或其他社会话题的新闻，该账号的内容仍将通过Feed和Stories展示给其关注者，但不会主动推荐给非关注者。

（三）Threads未来拟实现Web3去中心化路线

根据Instagram官方介绍，Threads将基于去中心化的ActivityPub协议（“联邦宇宙Fediverse”提供支持的开源协议），成为Fediverse的一部分，允许用户能够与其他基于去中心化协议的、不受Meta控制和拥有的平台进行通信交流。2024年3月，Meta宣布Threads和ActivityPub兼容社交媒体平台互通，目前已有部分成果，并以Beta版本在数个国家上线，现阶段会推进到美国、加拿大及日本。Meta指出，Threads以ActivityPub开放社交媒体网络协议执行可给用户更大自由和选择。每台联邦宇宙服务器都能设置社交媒体标准和内容仲裁政策，用户可选择符合自己的线上平台。用户可以选择加入“联邦宇宙”，即将Threads贴文分享到其他ActivityPub兼容的服务器。去中心化意味着Threads或许不会像社交平台X一样依赖广告等传统商业模式变现。对于何时变现，扎克伯格在Threads上表示，“首先把产品做好，然后让它能够实现10亿用户的清晰路径，只有到那个时候才会考虑商业化。”

三、趋势分析

（一）Meta系主导新兴市场社交媒体格局，巨头垄断地位进一步加强

Threads App 可通过iOS和Android系统在100个国家/地区以30多种语言使用。DataSparkle 2023年7月数据显示，Threads在非洲和东南亚等新兴市场迅速获得了用户的青睐，日活跃用户数在这些地区均已突破百万，尤其在印度尼西亚，日活跃用户数高峰时超过200万。从当前用户规模量级来看，Threads与X平台仍存在较大差距，Threads在非洲市场的日人均使用时长最高超过20分钟，略低于X平台的25分钟。但从人均打开次数来说，在其火热趋势的推动下，Threads在非洲市场的日人均打开次数顶峰达到近12次，领先X平台的7次。在全球内容消费兴盛和移动应用市场发展日益成熟的形势下，社交媒体在新兴市场中的覆盖度迅速提升。从社交媒体的市场格局来看，Meta系应用占据绝对的领导地位，Facebook在非洲和东南亚移动应用市场牢牢占据社交类应用头把交椅。此外，在这两大新兴市场，Instagram的活跃用户规模也稳居X平台之上。从这一层面来看，拥有良好出身的Threads有望在新兴市场大展身手，跻身这两大市场社交类应用榜单前列。

（二）Threads 等新兴社交媒体平台在数据隐私和安全方面或存在安全风险

Threads 目前并没有使用任何数据跟踪其他公司拥有的网站和应用程序上的用户，因此业界普遍认为 Threads 比 X 平台、脸谱网和 Instagram 更私密。值得关注的是，Threads 的跨平台数据共享的安全机制并不明确，用户的数据和隐私安全风险增加，因此部分国家展开对 Threads 的调查。2023 年 7 月，美国众议院司法委员会主席吉姆·乔丹要求 Meta 提交有关该公司新推出的社交媒体平台 Threads 内容审核方面的文件，作为该委员会对科技平台政策进行调查的一部分。此外，英国、土耳其等隐私监管机构宣布对 Threads 展开调查。卡巴斯基实验室 2023 年 7 月发布报告称，近 1 亿名 Threads 用户的个人数据及用户资金被网络犯罪分子入侵。

（三）凭借企业既有用户量推出新社交媒体产品，后续表现存在较大不确定性

Threads 初期虽然吸引了 1 亿人注册，增长迅速，但 Threads 也面临着用户留存和活跃度下降的挑战，需要持续观察其后续表现。最典型的案例，如谷歌 2011 年曾推出社交平台 Google+ 挑战 Facebook，并与社交产品 Gmail 的庞大用户量绑定，第一年 Google+ 的用户数量扩展至逾 9000 万，然而，至 2018 年，Google+ 被扔进了历史垃圾堆，用户继续涌向 Facebook 以及 Instagram 等其他社交平台。由此可见，仅靠规模是无法保证在变化无常、追逐潮流的社交媒体市场获胜的。因此，Threads 在未来是否能够与 X 平台抗衡还存在不少变数。一是 Threads 不会在平台上鼓励“政治”和“硬新闻”，而 X 平台在其平台发展中一直都扮演着重要的新闻和突发事件的阵地。当 Threads 表达出对新闻舆论不感兴趣的态度之后，X 平台很大概率能凭借舆论场这一重大差异点维持住自己的核心影响力。二是从平台发展的角度来看，Threads 和 Instagram 过于紧密的联系也会带来同质化问题，虽然这样能带来引流效果，但这种同质化会影响用户的体验。从内容供给的角度来看，它抢夺的其实是 Instagram 平台用户的时间，而非 X 平台用户的时间。三是 Threads 当前只是抓住了用户的尝鲜心态以及对 X 平台的报复心理。在新鲜感丧失以及对 X 平台的报复心态得到满足之后，这部分尝鲜用户的去向难以确定。

四、思考启示

Threads 的横空出世，展现出社交媒体重要技术和社会趋势正在转向更加个性化和小众化的方向，X平台等社交媒体为应对压力和挑战，也将重新审视自己的产品策略和运营模式，以适应用户的变化和市场的竞争。社交媒体平台的竞争正在加剧，社交媒体的新战争也正在升温，社交媒体市场正在经历一场变革。从Threads在欧盟曲折上线、土耳其对Threads跨平台之间数据共享禁令，可以窥见面对社交媒体推陈出新，相关数字监管也可能面临一定挑战。Threads的未来表现如何，还需要时间的进一步检验。

4.8　全球社交媒体平台观察之二：法国大规模骚乱事件背后的网络社交平台作用

自2023年6月27日以来，法国警察枪击17岁北非裔法国青少年致死事件持续发酵，迅速演变为全国范围的暴力骚乱，并蔓延至邻国（比利时、瑞士）。截至7月5日，此次大规模骚乱已造成3500多人被捕，约800名军警受伤，2500多座建筑物损坏，在法企业损失超过10亿欧元。值得注意的是，法国政府将网络社交平台的推波助澜视为引发骚乱的主要原因，在危机应对中迅速加强了平台管控力度，为我们了解西方国家互联网管控政策变化提供了重要参考。

一、法国政府重点强化网络社交平台管控的动因分析

（一）社交媒体成为早期风险策源地

骚乱爆发前夕，社会撕裂风险因素在法国已初见端倪。法国总统马克龙4月初，多次呼吁欧洲“必须顶住成为‘美国追随者’的压力”，强调欧洲“战略自主权”。4月中旬，美国《华尔街日报》及其欧洲记者开始批评马克龙涉嫌“滥用行政权力”，多个X平台账号对相关内容进行转发，给马克龙打上“独裁者”“反民主”的标签。“red.”“BOOF CHIEF”等西方左翼X平台账号标榜独立媒体，持续宣扬“自由、民主、人权、反压迫”，围绕法国移民政策、种族歧视、物价上涨等发布煽动性推文。骚乱发生后，“法国陷落”迅速登上X平台热榜。

（二）“短视频+即时通信”成为骚乱动员主阵地

法国收视率最高的新闻频道BFM称，枪击事件发生后，色拉布（Snapchat）

等平台被暴力、抢劫视频淹没。警方表示，抗议者通过即时通信应用WhatsApp和Telegram进行沟通，并在其他平台上发布视频进行攀比、炫耀，成为骚乱期间“将年轻人组织起来”的主要方式。大量骚乱视频在X平台、Telegram、Snapchat等平台上被重复引用、转发，扩大了跨平台传播范围。其中，“死者母亲”发声视频、警察近距离射杀驾车者视频（据传首发于X平台）形成两次舆情爆点，与骚乱规模扩大的时间相重合。

（三）独立信息分享小组等成为信息隐蔽传输渠道

一些电报频道以“法国信息”“法国骚乱信息（英文）”等命名，以独立媒体信息分享进行伪装。类似频道在更新骚乱动态信息时相对克制，实际上“夹带私货”，将组织行动类信息掺杂其中，具有较高隐蔽性，一般网民难以判断其倾向。还有X平台账号持续发布“电视上看不到的”视频，暗示法国政府掌控和屏蔽了真实情况。此外，用户在使用Telegram联络时，可通过新增的“封存对话”功能隐藏聊天室中发布的消息，转发后再删除隐藏内容。有媒体猜测，此类隐蔽运作手法或应用于法国骚乱，给青少年走上街头和使用暴力提供“指导和帮助”。

（四）电子游戏社区成为青少年互动的独有领地

马克龙在7月1日的公开发言中，直接将骚乱的爆发归咎于社交媒体和电子游戏，“对于他们（暴徒）中的一些人来说，此刻就是在街头体验令人陶醉的电子游戏”。根据法国内政部长达尔马宁7月5日公布的情况，被捕的骚乱者大多数是十七八岁的青少年，其中三分之一是未成年人。近年来，法国出重拳防范未成年人沉浸电子游戏，但效果并不理想，分级制度反而造成青少年接触大量“限制级”游戏。游戏中的暴力“快感”和抢夺的“获得感”助长了青少年群体参与示威活动的意愿，以及向暴力活动的失控蔓延。同时，具有聊天功能的移动端游戏、Discord等基于兴趣社交的社群应用，也带动青少年群体形成了“易共鸣”“游离于成年人社群”的独有社交网络，成为监管短板。

二、法国政府相关网络管控政策及其效果

（一）要求社交平台配合遏制煽暴内容传播，对骚乱态势加以控制

6月30日是骚乱发生后的第三天，马克龙表示，由于大量用户利用社交平台煽动暴力，政府将要求社交媒体下架具有煽动性并刺激民众情绪的敏感视频，并向执法部门提供发布煽暴信息的网络用户身份。7月1日，法国内政部

对此作出明确要求，涉及X平台、Snapchat等社交平台。同日，法国司法部部长莫雷蒂表示，有证据显示暴徒通过相关社交平台组织骚乱，政府有理由要求平台提供用户IP地址，对发布煽暴信息者施加惩罚。Snapchat等平台随即表示，愿意与执法部门合作提供有关信息。7月4日，马克龙宣布持续数日的骚乱高峰期“已经过去”。从发布时间看，相关政策对遏制骚乱规模扩大、避免事态升级有直接影响。

（二）围绕加强社交平台管控提出立法建议，监管收紧与言论自由形成博弈

6月29日，法国参议院批准了一项新的法律，要求社交平台核实用户年龄，以保护未成年人在互联网上的安全。舆论担忧该项法律可能损害言论自由和个人隐私权。7月4日，法国参议院再次提出一项新法案，要求在涉及煽动暴力、破坏或侵入公共设施等情形下，社交平台必须提供相关用户身份信息，并在两小时内对政府处置意见做出快速回应，否则将处以一年监禁和25万欧元罚款。目前相关立法还在审议当中，但从现实情况出发，法国政府很可能继续加强网络管控力度，避免出现失控态势。

（三）可能在局部地区实施了短时间“断网”，引起舆论争议

据《欧洲时报》报道，7月4日，法国总统马克龙向在骚乱期间遭受暴力的约300名市（镇）长发表讲话时提及“断网”，引发争议。法国内政部随后通过官方X平台账号予以否认，称未实施互联网访问限制。但法国舆论仍议论骚乱程度减弱的原因，认为法国政府一方面要求社交平台加强配合，一方面可能实施了一定程度的“断网”及网络监控追踪。

三、总结与启示

近年来，世界各国和地区纷纷加强社交媒体监管，采取立法规范与技术手段规制并重的做法，总体呈现监管收紧趋势。分析法国政府此次骚乱中的社交平台管控动向，可以发现强化管控谨防社交平台“武器化”或成为国际共识。自2022年年底以来，伊朗、格鲁吉亚、塞尔维亚等国家相继爆发大规模民众示威及暴力活动，而此次法国骚乱将“颜色革命”威胁蔓延至欧洲，从网络传播情况来看，不能排除此次骚乱可能是借助网络开展的有组织有预谋、精心策划的活动。在法国政府出台有力管控举措并发挥较大作用的背景下，预计强化社交平台合理监管能力或将成为各国的普遍做法。